Ishaku James Dantata

Produtividade e Armazenabilidade da Cebola nos Trópicos sob Fornecimento de N-P

Ishaku James Dantata

Produtividade e Armazenabilidade da Cebola nos Trópicos sob Fornecimento de N-P

ScienciaScripts

Imprint
Any brand names and product names mentioned in this book are subject to trademark, brand or patent protection and are trademarks or registered trademarks of their respective holders. The use of brand names, product names, common names, trade names, product descriptions etc. even without a particular marking in this work is in no way to be construed to mean that such names may be regarded as unrestricted in respect of trademark and brand protection legislation and could thus be used by anyone.

Cover image: www.ingimage.com

This book is a translation from the original published under ISBN 978-3-330-00012-4.

Publisher:
Sciencia Scripts
is a trademark of
Dodo Books Indian Ocean Ltd. and OmniScriptum S.R.L publishing group

120 High Road, East Finchley, London, N2 9ED, United Kingdom
Str. Armeneasca 28/1, office 1, Chisinau MD-2012, Republic of Moldova, Europe
Printed at: see last page
ISBN: 978-620-8-03910-3

Copyright © Ishaku James Dantata
Copyright © 2024 Dodo Books Indian Ocean Ltd. and OmniScriptum S.R.L publishing group

Índice:

Capítulo 1   7

Capítulo 2   10

Capítulo 3   24

Capítulo 4   30

Capítulo 5   52

RODUTIVIDADE E CAPACIDADE DE ARMAZENAMENTO DA CEBOLA (*ALLIUM CEPA* [L.]) NOS TRÓPICOS SOB UM SISTEMA DE FORNECIMENTO DE AZOTO E FÓSFORO

2

ISHAKU JAMES DANTATA

DEDICAÇÃO

Esta obra é dedicada a todos os estudantes de agronomia e horticultura, bem como aos agricultores e ao público em geral que tenham dúvidas sobre a produtividade e a capacidade de armazenamento da cebola nas regiões tropicais.

AGRADECIMENTOS

Estou muito grato ao Prof. T. O. Oseni e ao Prof. B. M. Auwalu, cujas sugestões inestimáveis, críticas intelectuais construtivas e apoio conduziram à conclusão bem sucedida deste trabalho. Os meus sinceros cumprimentos ao Prof. Z. Russom e ao Prof. V. A. Tenebe pelo seu interesse e conselhos académicos. Gostaria de agradecer a Garba Usman Mohammed, Safiyanu Maikudi, Abubakar Mohammed e Altine E. Chiroma, todos da Universidade Abubakar Tafawa Balewa, Bauchi, Nigéria, pela sua assistência técnica. Estou igualmente grato a Yusuf Madiya e a toda a população da comunidade de Kardam, na zona governamental local de Dass, no Estado de Bauchi, Nigéria, pela sua assistência durante os ensaios de campo. Agradeço também a ajuda recebida de Mohammed Ahmed Bununu, da Dra. (Sra.) Dutse Diana e de Abubakar Elisha Mazadu, todos da Escola Superior de Agricultura do Estado de Bauchi, Bauchi, Nigéria.

Um agradecimento especial ao Dr. Habu Mamman Kamara (já falecido), ao Dr. Ibrahim A. Muhammad, a Manoah Sule e à tia Habiba Hamidu pelo seu enorme apoio, contribuições e ajuda. Estou também em dívida para com a minha família, cuja paciência, amor, esperanças e aspirações me deram apoio moral.

Acima de tudo, agradeço a DEUS pela sua graça, misericórdia e favor ao longo deste trabalho. Sem ELE, este trabalho não poderia ter sido bem sucedido.

RESUMO

Foi realizada uma experiência de campo sob irrigação durante a estação seca de 2003 na quinta de ensino e investigação da Universidade Abubakar Tafawa Balewa, em Bauchi, e na aldeia de Kardam, na zona governamental local de Dass, no Estado de Bauchi, para estudar o efeito do azoto e do fósforo no crescimento, rendimento e armazenamento da cebola (*Allium cepa* L.). Os dois locais estão situados na zona ecológica da savana do norte da Guiné, na Nigéria. Os tratamentos consistiram em quatro níveis de azoto (0, 55, 110 e 165kgNha^{-1}) e quatro níveis de fósforo (0, 45, 90 e 135kgPha^{-1}) que foram combinados de forma fatorial e dispostos num esquema de blocos completos aleatórios (RCBD) com três repetições. A experiência de armazenamento foi realizada no herbário da Escola Superior de Agricultura do Estado de Bauchi, Bauchi, durante doze semanas, entre abril e junho de 2004, após a colheita dos bolbos de cebola nos dois locais. Os bolbos foram agrupados com base nos respectivos tratamentos e, de cada tratamento agrupado, foram selecionados aleatoriamente 60 bolbos saudáveis (sãos), comercializáveis e sem bolhas, tendo sido registados os respectivos pesos iniciais totais. Foram utilizados dois (2) métodos de armazenamento, a *saber* No chão, como praticado pela maioria dos agricultores, e fora do chão (- uma plataforma elevada, 10 cm acima do nível do solo), um método recomendado. Os bolbos selecionados foram dispostos num esquema de blocos completos aleatórios (RCBD) com três repetições, e havia 10 bolbos por tratamento. Os bolbos foram inspeccionados periodicamente com um intervalo de duas semanas e foram feitas observações sobre a perda de peso, o número de bolbos sãos, o peso dos bolbos no armazenamento, os pesos e a percentagem de bolbos de cebola germinados e apodrecidos. Os resultados revelaram que a altura das plantas, o número de folhas, o peso fresco dos topos, a altura dos bolbos, o diâmetro dos bolbos, o peso dos bolbos e a produção de bolbos aumentaram significativamente (P= 0,05) com níveis de azoto até 165kgNha^{-1} em Bauchi e Kardam. A altura do bolbo aumentou significativamente (P= 0,05) com o aumento dos níveis de fósforo até 135kgPha^{-1} em Bauchi e Kardam. Por outro lado, o peso fresco dos topos aumentou com a aplicação de 45-135kgPha^{-1} nos mesmos locais. A altura da planta e o número de folhas também aumentaram com níveis de fósforo até 135kgPha^{-1} em Kardam. O diâmetro do bolbo foi significativo entre 0-45kgPha^{-1} em ambos os locais e igualmente significativo entre 90-135 kgPha^{-1} em Bauchi. A perda de peso dos bolbos de cebola, o número de bolbos sãos, o peso dos bolbos de cebola no armazenamento, o peso dos bolbos podres e a percentagem de bolbos podres são significativos (P=0,05).

O peso dos bolbos germinados e a percentagem de bolbos germinados são significativos (P=0,05) às doze semanas de armazenamento. A interação do azoto e do fósforo na perda de peso final dos bolbos, no número de bolbos de cebola sãos, no peso dos bolbos podres e na percentagem de bolbos podres é significativa (P=0,05). As interações entre o azoto e os métodos de armazenamento, bem como entre o fósforo e os métodos de armazenamento, no peso dos bolbos podres e na percentagem de bolbos podres são significativas (P=0,05). As perdas de armazenamento devido à perda de peso dos bolbos e ao apodrecimento resultaram de níveis mais elevados de azoto e fósforo e do armazenamento no solo. Conclui-se, portanto, que a aplicação de 165 kg de Nha^{-1} e 135 kg de Pha^{-1} é recomendada para uma produção máxima de bolbos e uma armazenagem de qualidade das cebolas em Bauchi e Kardam, e que os bolbos devem ser armazenados fora do solo, em plataformas elevadas, para garantir uma longa duração da armazenagem.

CAPÍTULO 1
INTRODUÇÃO

1.1 Introdução geral

A cebola (*Allium cepa* [L.]) é uma cultura de bolbos pertencente à família *Alliaceae*. É uma importante cultura hortícola cultivada em todos os países do mundo (FAO, 1992). A cebola é uma cultura bienal cultivada maioritariamente como cultura anual. Forma bolbos durante o primeiro ano e floresce no segundo ano. É caracterizada por compostos produtores de lágrimas, como o ácido pirúvico, que causam pungência, e outros componentes voláteis do sabor (OSU, 2002), como o *dissulfureto de alilpropilo*, que são libertados pela ação da enzima *allinase* quando as cebolas são cortadas ou pisadas (Sullivan *et al.*, 2001; Dantata, 2011). O bolbo da cebola é constituído principalmente por bases espessadas de folhas presas à placa basal do bolbo, e a sua forma varia de plana a redonda (Dantata, 2011). As folhas são longas, redondas e ocas, frequentemente de cor verde azulada. As flores são pequenas em umbelas terminais e a cor da corola é frequentemente branca esverdeada (Norman, 1992). A cebola é originária da Ásia Central e do Sudeste Asiático, onde se sabe que é cultivada desde tempos antigos (Jones e Mann, 1963; Dantata e Damar, 2008). A cultura está amplamente distribuída pelas zonas temperadas, temperadas quentes e boreais do hemisfério norte. Nas zonas tropicais, a cebola está confinada às zonas de montanha. Normalmente, é uma planta de locais abertos, soalheiros e secos em climas bastante áridos, pouco competitiva e, por conseguinte, não se encontra normalmente em vegetação densa (Hanelt, 1990). A cebola era cultivada no tempo dos faraós egípcios e foi mencionada na Bíblia durante o êxodo. A cultura foi introduzida na África Ocidental pelos primeiros europeus (Norman, 1992). A cebola necessita de temperaturas frescas e de humidade abundante no solo durante as primeiras fases de crescimento, antes da bulbificação, e de temperaturas elevadas e condições secas durante a bulbificação, a colheita e a cura. A bulbificação da cebola é uma resposta fotoperiódica (Dantata, 2008). O período crítico varia de 12 a 16 horas para diferentes cultivares de cebola. A humidade abundante do solo perto da superfície do solo durante o crescimento inicial promove a formação de novas raízes. O crescimento é temporariamente interrompido por falta de água, as escamas exteriores amadurecem e, se a água for novamente fornecida, as escamas interiores retomam o crescimento, o que provoca divisões e bolbos duplos (Norman, 1992).

A cebola é cultivada principalmente pelo seu bolbo. Em termos de peso global dos produtos hortícolas produzidos, com cerca de 28 milhões de toneladas por ano, apenas o tomate e as couves excedem a importância da cebola em bolbo (FAO, 1991). Os bolbos de cebola são facilmente armazenados e transportados e existe um comércio internacional de cerca de 2 milhões de toneladas por ano, no valor de cerca de 400 milhões de dólares (FAO, 1991). A cebola é utilizada em saladas, como legume cru ou cozinhado, como condimento e para fins medicinais. Também são utilizadas em quantidades menores para temperar ou embelezar alimentos (Dantata, 2008; Dantata *et al.*, 2009). Na Nigéria, sabe-se que a cebola é amplamente cultivada e tem sido, desde há muito, uma importante cultura hortícola comercial nas regiões do norte do país (Inyang, 1966; Dantata e Damar, 2008). Green (1971) descreveu o potencial e as perspectivas futuras da produção e comercialização de cebola na Nigéria como muito brilhantes e promissoras. O cultivo da cebola tem-se concentrado principalmente nas zonas semi-áridas do norte da Guiné e da savana do Sudão, onde existem condições frescas para o crescimento inicial, seguidas de condições quentes e secas para a maturação, amadurecimento e cura dos bolbos. A maior parte da produção provém, portanto, de Estados como Sokoto, Kano, Kaduna, Plateau, Bauchi, Gombe e Borno, entre as latitudes 10° e 13°N (Norman, 1992), com uma superfície total estimada em 0,1 a 0,2 milhões de hectares cultivados anualmente (FDPP, 1989).

1.2 **Justificação do estudo**

As razões para os baixos rendimentos na produção de cebola têm sido atribuídas a muitos factores, tais como: Os solos da savana nigeriana são inerentemente inférteis (Singh, 1986). Problemas de pragas e doenças (Amans, 1982). Utilização de sementes de colheitas que se estragaram, baixa população de plantas e utilização inadequada de fertilizantes (Green, 1971). O baixo nível de produção existente não pode satisfazer a procura crescente de bolbos de cebola (Dantata e Damar, 2008). Esta situação é ainda agravada por métodos de armazenamento e capacidade de armazenamento deficientes das cultivares de cebola (Dantata, 2011 e 2014b; Dantata *et al.,* 2008a e b). Por conseguinte, é importante aumentar o rendimento e melhorar a qualidade para satisfazer a procura interna e de exportação (Dantata e Damar, 2008). Ensaios preliminares de fertilizantes na cebola mostraram que é possível aumentar o rendimento do baixo nível obtido pelos agricultores para até 45tha^{-1} e mais (Green, 1971; Dantata *et al.*, 2009). A aplicação de fertilizantes é conhecida por ser uma prática cultural única, que afecta o rendimento e a qualidade dos bolbos, o que exige conhecimentos precisos, especialmente na área dos fertilizantes azotados e fosfatados (Dantata *et al.*, 2009). Uma vez que uma aplicação curta atrasa o crescimento e leva a uma redução irreversível do rendimento, enquanto um fornecimento excessivo interage com outros factores de gestão, pragas e climáticos para atrasar a maturação, afetar a qualidade, o rendimento e aumentar as perdas de armazenamento (Sullivan *et al.,* 2001). Está a ser utilizada uma vasta gama de aplicações de fertilizantes, muitas das quais não são as melhores. Juntamente com práticas pós-colheita deficientes, estas resultam num período de conservação curto e na diminuição da qualidade dos bolbos e, consequentemente, no seu desperdício. Por conseguinte, é necessário considerar melhores práticas de produção e pós-produção.

1.3 Objetivo do estudo

O objetivo do estudo é determinar o efeito do azoto e do fósforo e a sua interação no crescimento, rendimento e armazenamento de bolbos de cebola.

CAPÍTULO 2
REVISÃO DA LITERATURA
2.1 Efeito do azoto no crescimento e rendimento da cebola

O azoto (N) é um nutriente essencial necessário para estimular um crescimento vegetativo rápido, devido à sua importância na fotossíntese e na formação de clorofila, núcleo e aminoácidos (Samuel, 1980). Brewster (1990) afirmou que, no que diz respeito às necessidades de azoto, as cebolas são uma das culturas mais difíceis de satisfazer de forma eficiente e, por tradição de jardinagem, são consideradas como alimentadoras grosseiras, necessitando de um solo altamente fértil para atingir rendimentos máximos. As cebolas requerem um bom fornecimento de azoto disponível, uma vez que um fornecimento adequado de azoto assegura um crescimento saudável, o que é demonstrado pelo aumento do vigor, do tamanho e da cor verde mais profunda da folhagem (Hussaini *et al.*, 2000). A nutrição azotada pode influenciar o desenvolvimento, o sabor e a qualidade dos bolbos de cebola (Brewster e Butler, 1989; Randle, 2000). Foi demonstrado que a aplicação de azoto produz um aumento significativo do crescimento vegetativo e do bolbo através do seu efeito nas actividades celulares (Hassan e Ayoub, 1978; Dantata, 2013) e também no aumento da fotossíntese devido à formação de folhas, afectando assim o rendimento do bolbo (Miko *et al.*, 2001; Dantata *et al.*, 2009). A deficiência de azoto leva a um atraso no crescimento das plantas, ao amarelecimento das folhas e à consequente redução do rendimento (Chude *et al.*, 2011). Wilson (1934) relatou que as cebolas com deficiência de N formaram pequenos bolbos distintos e os tecidos do pescoço da cultura não entraram em colapso como na maturação normal, além disso, as folhas da cultura permaneceram numa posição rigidamente vertical, não amadureceram e mostraram caraterísticas de amarelecimento da deficiência de N. A maturidade da cebola é aparentemente mais atrasada por uma falta de N do que por um ligeiro excesso de N (Riekels, 1972). Por outro lado, o excesso de N causou lesões nas raízes através da toxicidade do amoníaco ou de concentrações elevadas de sais solúveis (Sullivan *et al.*, 2001). Estes trabalhadores referiram ainda que a acidez do solo foi identificada como um fator que contribuiu para a redução do estande da cebola e para o fraco desempenho da cultura em solos de areia argilosa ou franco-arenosos da bacia de Columbia, que eram naturalmente neutros ou ligeiramente alcalinos antes do cultivo e que foram agora acidificados por excesso de fertilização azotada e outras práticas de cultivo. As plantas de cebola afectadas pela acidez do solo apresentam um crescimento lento e atrofiado, um sistema radicular pouco desenvolvido e, por vezes, podem ter algumas raízes atarracadas, semelhantes às danificadas pela alimentação de nemátodos (Bary *et al.*, 2000). O excesso de N pode também aumentar a suscetibilidade da cultura a ataques de doenças e pragas, resultar em maturidade tardia, grandes pescoços que são difíceis de curar, bolbos moles e má qualidade de armazenamento (Singh e Kumar, 1969a; Vince *et al.*, 2002).

Várias outras respostas significativas e positivas da cebola ao N em diferentes zonas ecológicas do mundo foram relatadas na literatura (Hassan, 1977; Asiegbu, 1989; Bottcher e Kolbe, 1975; Feigin *et al.*, 1980; Van-Lierop *et al.*, 1980; Palled *et al.*, 1988; Patel *et al.*, 1990; Vishnu *et al.*, 1992; Amans *et al.*, 1997; Hussaini *et al.*, 2000; Muoneke *et al.*, 2003; Dantata *et al.*, 2009). Por exemplo, Amans *et al.* (1997) encontraram aumentos significativos na altura da planta, número de folhas e peso seco superior com uma taxa de azoto até 80kgha^{-1}. Patel *et al.* (1990) referiram que a produção de bolbos aumentou com o aumento da taxa de aplicação de azoto até 90kgha^{-1}. Muoneke *et al.* (2003) utilizando taxas variáveis de azoto (0, 45, 90 ou 135kgha^{-1}) com a variedade de cebola *Sokoto Jar Yar Ankara* observaram que a aplicação de 90kgha^{-1} aumentou consistentemente a produção de folhas e deu o maior tamanho de bolbo em comparação com os tratamentos 0 e 45kgha^{-1}. No entanto, o aumento da taxa de N para além de 90kgha^{-1} levou a uma diminuição da produção de bolbos. Bottcher e Kolbe (1975) obtiveram o melhor desempenho da cebola com 80kgNha^{-1}. Hassan (1977) e Dantata *et al.* (2009) relataram aumentos de rendimento da cebola com azoto aplicado até 165 e 190kgha^{-1}. Palled *et al.* (1988) relataram que a aplicação de 100kgha^{-1} às cebolas produziu rendimentos 12,2 e 26,4% mais elevados do que 75 e 50kgNha^{-1} respetivamente. Vishnu *et al.* (1992) relataram que o maior rendimento de bulbos de 296kg por parcela foi obtido com 120kgNha^{-1} e o maior peso de bulbos de 63,77g/bulbo com 160kgNha^{-1}. Hussaini *et al.* (2000) registaram um aumento do rendimento dos bolbos, do peso médio dos bolbos e do número de bolbos grandes por parcela com N a 110 kgha^{-1}. Mais ainda, foram obtidos rendimentos elevados de cebolas com 180kgNha^{-1} (Feigin *et al.*, 1980). Van-Lierop *et al.* (1980) relataram um rendimento ótimo de cebola a 200kgNha^{-1} para além de não terem sido obtidas respostas adicionais importantes. Asiegbu (1989) mostrou que as cebolas beneficiavam da aplicação de N até 150kgha^{-1}.

As disparidades globalmente relatadas em resposta ao N aplicado por esses autores podem estar relacionadas a muitos fatores, como variações devido ao nível de N do solo nativo, outros fatores edáficos e climáticos (Anon, 1970a; Hassan, 1977; Asiegbu, 1989; Bottcher e Kolbe, 1975;

Hassan e Ayoub, 1978; Henriksen, 1984; Bhamburkar, 1986; Hedge, 1986; Pande *et al*, 1969; El-tabbakh *et al.*, 1979; Feigin *et al.*, 1980; Van-Lierop *et al.*, 1980; Palled *et al.*, 1988; Patel *et al.*, 1990; Vishnu *et al.*, 1992; Amans *et al.*, 1997; Hussaini *et al.*, 2000; Muoneke *et al.*, 2003; Dantata, 2011 e 2013; Dantata *et al.*, 2009). Por exemplo, Hassan e Ayoub (1978) obtiveram um rendimento ótimo de cebola com $90kgNha^{-1}$ na sua experiência num solo argiloso calcário num verão semi-árido com uma precipitação de apenas 400 mm. Anon (1970a) relatou que a produção de bolbos de cebola irrigada aumentou em resposta a níveis crescentes de N até $195kgha^{-1}$, nível em que a produção foi quase triplicada em relação ao controlo, e Pande *et al.* (1969) obtiveram um aumento da produção com um nível crescente de aplicação de N até $168kgha^{-1}$ num solo que já tinha um teor de N equivalente a $187kgha^{-1}$. De acordo com Hedge (1986), o N diminuiu o teor relativo de água, o potencial osmótico e a temperatura da copa das árvores, o que aumentou o rendimento dos bolbos, a absorção de azoto e a eficiência da utilização da água, tendo referido que o nível ótimo de N era de $150 kgha^{-1}$. Na mesma linha, Bhamburkar (1986) salientou que o azoto afectava significativamente a percentagem de parafusos. O aumento das taxas de N aumenta o tamanho da planta e o teor de matéria seca da cebola, a produção de bolbos e o peso dos bolbos (El-Tabbakh *et al.*, 1979; Henriksen, 1984).

A resposta das cebolas à aplicação de azoto e a quantidade total necessária variam com o tipo de solo, a cultura anterior, a quantidade de matéria orgânica presente e as condições climáticas durante a estação de crescimento, bem como a margem de segurança de azoto do solo - que representa a quantidade de azoto presente no solo, embora normalmente não seja absorvido, mas que a cultura necessita para um crescimento e rendimento óptimos (Nicolas *et al.*, 2001). As culturas com raízes pequenas e pouco profundas, com poucos pêlos radiculares, como é o caso da cebola, são ineficientes na extração de azoto, pelo que a margem de segurança fornecida deve ser relativamente grande. Scharpf (1991) referiu 60 - 90 $kgha^{-1}$ como a margem de segurança de azoto necessária para a cebola, alho francês, couve-flor e espinafre. Para atingir o máximo rendimento dos bolbos, devem ser aplicadas taxas muito consideráveis de nutrientes (Greenwood *et al.*, 1992), pelo que Greenwood *et al.* (1980a) e Chude *et al.* (2011) recomendaram uma gama de 0 - $150kgha^{-1}$ de azoto. A aplicação de taxas elevadas de azoto à cultura da cebola com raízes pouco profundas é uma prática comum dos produtores de cebola do Oeste dos Estados Unidos da América. No noroeste do Pacífico, os agricultores aplicam taxas elevadas de azoto à cebola para maximizar os rendimentos comercializáveis e a percentagem de bolbos de cebola de grandes dimensões (Painter, 1977; Drost *et al.*, 1997; Stevens, 1997; Thornton *et al.*, 1997; Brown, 1997 e 2000). Sammis (1997) também referiu a necessidade de taxas elevadas de azoto para otimizar o rendimento no Novo México, mas manifestou preocupação com a lixiviação de N03-N da zona radicular e a baixa eficiência de utilização de fertilizantes azotados na cebola. Bartolo *et al.* (1997) e Brown (1997) referiram que os custos da fertilização azotada são geralmente inferiores a 2% dos custos de produção da cebola, pelo que os agricultores não estão muito preocupados com as taxas de aplicação de azoto, para além de assegurarem que existe azoto suficiente no solo para a cultura. Brown (2000) e Sullivan *et al.* (2001) desenvolveram planos de gestão dos nutrientes para a produção de cebola no noroeste do Pacífico, para ajudar a reduzir as taxas de aplicação de azoto, melhorar a eficiência da utilização do azoto e minimizar os efeitos prejudiciais do azoto dos fertilizantes nas águas subterrâneas. Schwartz e Bartolo (1995) desenvolveram diretrizes de gestão de nutrientes semelhantes para o Colorado. Embora estas diretrizes de gestão de fertilizantes azotados recomendem a limitação da aplicação de azoto quando o azoto do solo é elevado, os agricultores aplicam frequentemente mais azoto para garantir rendimentos e qualidade elevados.

A fertilização azotada também foi referida em termos de altura da planta de cebola em relação ao tamanho do bolbo (Pande *et al.*, 1969; Boy, 1971; Chowdappan, 1972). O momento da aplicação de azoto é igualmente importante para otimizar o crescimento da cebola. Akashi *et al.* (1977) salientaram que o fertilizante azotado era mais rentável quando aplicado nas primeiras fases de crescimento do que nas últimas. O fornecimento precoce de azoto acelera a taxa geralmente lenta de crescimento inicial das plântulas, promovendo assim a produção de plantas grandes e robustas (El-Baradi, 1971; Tzeng, 1972). Atrasar a aplicação de azoto, especialmente de grandes doses, até às fases posteriores de crescimento revelou-se prejudicial para a cultura, especialmente em termos de abrandamento da taxa de bulbos e atraso na maturidade (Jones e Mann, 1963, Wilson, 1978). Os resultados da maioria dos estudos mostraram que o rendimento da cebola aumenta normalmente em resposta a níveis crescentes de fertilização azotada (Queddeng *et al.*, 1963). Riekels (1972) em Ontário, Canadá, relatou que para solos orgânicos e sob alta pluviosidade a necessidade óptima de azoto para a produção de bolbos era superior a 270kgNha^{-1} ; mas em anos de baixa pluviosidade a taxa óptima de azoto não era superior a 150kgNha^{-1} . As plantas de cebola podem ser cultivadas com sucesso numa vasta gama de tipos de solo. Os solos com um alto teor de matéria orgânica são menos propensos à formação de crostas e à compactação. Os tipos de solo muito pesados impedem a expansão dos bolbos, especialmente se se deixar secar, resultando em bolbos ásperos e de forma irregular (Bodnar, 1998). Também referiu que, para qualquer cultura, a utilização eficiente de fertilizantes depende dos níveis corretos de pH do solo, tendo o maior sucesso sido alcançado quando o pH do solo varia entre 6,0 e 7,5. Níveis de pH do solo inferiores a 6,0 resultaram num fraco vigor das plantas, numa redução do seu porte e numa diminuição global do rendimento. Existem muitos relatórios sobre os efeitos prejudiciais do fornecimento excessivo de azoto no rendimento da cebola. Wilson (1934) referiu que a produção de bolbos pode ser deprimida por excesso de azoto, sem aparentemente afetar negativamente o crescimento das folhas. Riekels (1970 e 1972) observou que o efeito negativo de taxas de azoto mais elevadas sobre o rendimento pode resultar quer da elevada concentração de sais na zona radicular, especialmente em condições de baixa humidade, quer do crescimento excessivo da parte superior, que ocorre à custa do bolbo e das raízes. Em Idaho, U.S.A., Painter (1977) observou que a aplicação de 90 a 360kg de Nha[-1] a um solo contendo 16,6 - 21,9ppm de nitrato-nitrogénio nos 60cm superiores reduziu o estande da planta e a produção de bolbos, com um aumento na produção da classe de abate. Hassan e Ayoub (1978) relataram que os rendimentos foram aumentados até 90kg de Nha[-1] , enquanto a duplicação desta taxa de fertilização deprimiu os rendimentos das cebolas.

2.2 Efeito do fósforo no crescimento e rendimento da cebola

As cebolas têm sistemas radiculares pouco profundos, baixas densidades radiculares e não têm pêlos radiculares (Brewster, 1990) e, devido a esta arquitetura radicular, necessitam de uma elevada concentração de P na solução do solo para promover a difusão para a superfície radicular a uma taxa suficiente para satisfazer as necessidades potenciais (Greenwood *et al.*, 1980a e b). O fósforo deve ser aplicado imediatamente antes da plantação. Quando é aplicado várias semanas antes da plantação, pode precipitar-se como um sal insolúvel e tornar-se indisponível para as plantas, o que é especialmente verdade se os solos estiverem húmidos devido à pré-irrigação ou à chuva (Corgan, 2000). As cebolas necessitam de um nível relativamente elevado de P disponível, que é essencial para o estabelecimento das plântulas, o crescimento vigoroso das plântulas, o desenvolvimento dos bolbos e também para atingir o rendimento máximo (Timm e Riekels, 1964; Greenwood *et al.,* 1980a e b; OSU, 2002; Vince *et al.*, 2002). A aplicação de fósforo aumentou a divisão celular, aumentou todos os parâmetros de crescimento importantes, melhorou a nutrição azotada, o que poderia ter aumentado o aparelho fotossintético, resultando assim em mais assimilados, que foram finalmente divididos para os sumidouros que, consequentemente, influenciaram os atributos de rendimento, o rendimento e a qualidade dos bolbos (Escaff e Aljaro, 1982). Da mesma forma, Adams *et al.* (1990) e Muoneke *et al.* (2003) observaram que a aplicação de P aumentou a produção de folhas, a altura da planta e a produção de bolbos. Chowdappan *et al.* (1971) registaram aumentos significativos no número de folhas, bem como nos pesos fresco e seco das cebolas em resposta a fertilizantes fosfatados. Morales *et al.* (1992) registaram um efeito positivo do P no crescimento das plantas. A deficiência de fósforo nas plantas de cebola resulta frequentemente em crescimento lento e atrofiamento, com as folhas a tornarem-se baças e mosqueadas. Também reduz o tamanho dos bolbos e atrasa a maturação (Harmer e Lucas, 1955; Anon, 1968; Singh e Kumar, 1969a; Sullivan *et al.*, 2001).

O aparafusamento foi significativamente controlado pelo fosfato (Singh e Singh, 1969; Hassan e Ayoub, 1978). Os autores mostraram que o P aumentava a taxa de bolbos, suprimindo assim a tendência para o aparecimento de bolbos. Também observaram que o aumento do nível de fósforo aumentava o tamanho dos bolbos com o consequente aumento do rendimento de bolbos gémeos. Haggag *et al.* (1986), numa experiência de 2 anos realizada no Egito, referiram que o aumento da taxa de P de 37,5 para 75kg ha^{-1} aumentou significativamente a produção total de bolbos em ambas as estações, enquanto que um aumento adicional de P para 150kgha^{-1} provocou um aumento significativo da produção no primeiro ano, mas não no segundo. Hilman e Noordiyati (1988) relataram um aumento significativo no tamanho, peso e diâmetro dos bolbos de alho com a aplicação de 150kgPha^{-1}. Soto (1988) observou um aumento de rendimento com a aplicação de 150kgPha^{-1}. Miko *et al.* (2000) observaram que a aplicação de fósforo ao alho a 33kgha^{-1} produziu um aumento significativo do tamanho dos bolbos, do peso dos bolbos, do número de dentes por bolbo, bem como da produção de bolbos, enquanto a aplicação de P para além de 33kgha^{-1} não produziu um aumento significativo destes parâmetros, exceto do peso dos dentes. Aliudin (1978), Escaff e Aljaro (1982), Hedge (1986), Borabash e Kochina (1989) referiram que a aplicação de fósforo teve efeitos positivos no rendimento e na qualidade dos bolbos em membros da família *Alliaceae*. Foi referido que a aplicação de fósforo promove a formação de escamas exteriores secas e mais protectoras nos bolbos de cebola

(Shoemaker, 1947). Para que o fósforo seja benéfico, Singh e Jain (1959) relataram que era necessário que ele fosse fornecido o mais cedo possível no ciclo de vida da planta. Quando o fósforo foi aplicado numa fase próxima da maturidade, verificou-se que era ineficaz e até tendia a travar o crescimento. Tzeng (1974) também observou que a aplicação de fertilizante fosfatado como adubo de cobertura não influenciava significativamente o crescimento da cebola, embora adiantasse a maturação.

Vários trabalhadores relataram aumentos significativos na produção de bolbos de cebola em resposta a aplicações de fertilizantes fosfatados (Paterson *et al.*, 1960). Strivastava *et al.* (1965) observaram que a resposta do rendimento da cebola foi maior com níveis mais baixos (25kgha^{-1}) do que com níveis mais altos (50kgha^{-1}) de fertilizante fosfatado. Inyang (1966) obteve aumentos de rendimento de cebolas em resposta à aplicação de P a 20kg de Pha^{-1} . Pande e Mundra (1971) registaram um aumento de rendimento de 16% com a aplicação de 45 kg de Pha^{-1} num solo que continha quase 700 ppm de fósforo. Do mesmo modo, Hassan e Ayoub (1978) obtiveram aumentos de rendimento entre 7 e 23% com a aplicação de 45 kg de Pha^{-1} em solos com um teor médio de fósforo de 645 - 685 ppm. Pande *et al.* (1969) bem como Singh e Singh (1969) observaram maiores respostas positivas a 112 e 168 kgPha^{-1} , respetivamente, do que a níveis inferiores. A observação de outros trabalhadores como Gueddena *et al.* (1962), Wayse (1967) e Painter (1979) não revelou qualquer resposta significativa de rendimento à aplicação de fertilizantes fosfatados. Na Nigéria, ensaios efectuados em Samaru e Gambaru não revelaram qualquer resposta ao fósforo (Anon, 1970a). A falta de resposta foi atribuída ao fosfato residual da cultura anterior. Para além da variabilidade na quantidade e disponibilidade de fósforo no solo, muitos outros factores contribuem para as diferenças observadas na resposta da cultura da cebola à aplicação de fertilizantes com fósforo. Narang e Dastance (1976), na Índia, eram de opinião que a influência do fósforo no aumento das taxas de desenvolvimento das raízes, na iniciação e maturação das flores poderia ser feita à custa do crescimento dos rebentos e da produção de bolbos. Afirmaram também que o enxofre contido no superfosfato simples tendia a mascarar alguns dos pequenos efeitos benéficos do fósforo em algumas experiências, fazendo com que as respostas não fossem detectadas. Este argumento surgiu da observação de que, embora o enxofre fosse benéfico, níveis elevados de enxofre (próximos de 100ppm) tinham um efeito negativo no rendimento dos bolbos.

2.3 Efeito do azoto, do fósforo e dos métodos de armazenamento na cebola

A qualidade de armazenamento das cebolas é influenciada pelas cultivares e pelas condições em que são cultivadas e armazenadas (Vince *et al.*, 2002; Dantata, 2011; 2014a e b; Dantata *et al.*, 2008a e b). Verificou-se que taxas elevadas de N aumentam as perdas de armazenamento devido a apodrecimento, perda de peso ou germinação (Singh e Singh, 1969; Riekels, 1977; Dantata, 2014b; Dantata *et al.*, 2008b). Bottcher e Kolbe (1975) não relataram nenhum efeito significativo da aplicação de N até 320kgha^{-1} na podridão dos bolbos ou perda de peso. No entanto, Bottcher e Hubner (1979) relataram um efeito positivo da aplicação de N até 200kgNha^{-1} na capacidade de armazenamento da cebola, reduzindo as perdas. O aumento das taxas de N em condições de armazenamento mais quentes e húmidas é prejudicial, levando ao aumento da podridão de armazenamento e à diminuição do rendimento comercial da cebola (Shock *et al.*, 1995; Dantata, 2014b; Dantata *et al.*, 2008b). As caraterísticas de qualidade dos bolbos de cebola, como o apodrecimento, a germinação, a densidade e o tamanho dos bolbos, são influenciadas por muitos factores, tanto genéticos como ambientais (Dantata, 2011 e 2014b). O bolting, que é definido como a floração prematura da cebola, tem efeitos adversos no tempo de armazenamento dos bolbos (Jones e Mann, 1963). Os bolbos dos bolters têm normalmente pescoços abertos causados pelos caules das flores, que criam aberturas para os organismos apodrecedores. Estes bolbos também tendem a ter uma densidade mais baixa do que os não bolbos, uma vez que as plantas utilizam uma boa proporção do seu alimento para a produção de flores e sementes, com uma diminuição do tamanho do bolbo (Jones e Mann, 1963). A temperaturas próximas dos requisitos críticos para o aparecimento do bolbo, foi relatado que o azoto aumenta o aparecimento do bolbo em cultivares de dia longo (Jones e Mann, 1963). O efeito do azoto no aumento da taxa de crescimento da planta e também no atraso do bolbo pode tender a encorajar o aparecimento do bolbo (Amans, 1982). Vaughan (1960) relatou que a fertilização excessiva com azoto sob um regime de humidade elevada foi responsável pelo aumento da incidência da doença da podridão do colo. O tamanho dos bolbos respondeu positivamente ao aumento dos níveis de azoto, tal como a densidade dos bolbos, que também estava positivamente correlacionada com o tamanho dos bolbos. Wayse (1967) referiu que, para além do aumento da produção resultante da aplicação de 40 kg de Nha^{-1} , esta quantidade moderada de N reduziu eficazmente a taxa de perda de peso dos bolbos armazenados, enquanto que, a níveis mais elevados, o azoto teve o efeito inverso, aumentando a taxa de perda de água. O excesso de N não só atrasou a maturação, mas também resultou em bolbos pouco maduros, que não foram bem armazenados (Joubert e Strydom, 1968).

Os bolbos mal amadurecidos apresentam frequentemente taxas elevadas de apodrecimento pós-colheita, germinação e perda de peso (Singh e Kumar, 1969b; Painter, 1977; Dantata, 2014b; Dantata *et al.*, 2008b). A perda de armazenamento devido à desidratação e brotamento foi reduzida em 17 - 23% com 90 - 135kgNha^{-1} , enquanto a perda devido ao apodrecimento foi aumentada em 21 - 36% com taxas de N de 45 - 135kgha^{-1} , a adição de 45kgNha^{-1} não afectou estas perdas em comparação com a aplicação zero (Muoneke *et al.*, 2003). Em uma experiência de 3 anos, Amans *et al.* (1990) relataram que o N aumentou a germinação em todos os anos, e aumentou a podridão de bulbos em um ano com a taxa mais alta de N (120kgha^{-1}), um nível moderado de N (40kgha^{-1}) pareceu ser benéfico para minimizar a perda de peso. De acordo com o seu relatório, o efeito do N na perda de peso indicou que tanto a deficiência como a elevada taxa de aplicação de N encorajaram a perda de peso durante o armazenamento, quando comparado com o efeito de uma taxa moderada de aplicação. Uma nutrição adequada da cultura, como resultado de um nível ótimo de fertilização com N, conferiu ao bolbo uma vantagem para resistir ao encolhimento durante o armazenamento, mas um fornecimento excessivo de azoto iria, no entanto, provavelmente promover a maciez, aumentando assim a tendência do bolbo para perder peso durante o armazenamento (Amans *et al.*, 1990). Henriksen (1984) verificou que a aplicação de azoto não tinha qualquer efeito na conservação das qualidades durante o armazenamento. Do mesmo modo, Laughlin (1989) e Hussaini *et al.* (2000) não registaram qualquer efeito do N na qualidade e a percentagem de perda durante o armazenamento deve-se a caraterísticas associadas à variedade utilizada.

O efeito do fósforo na conservação da cebola não foi bem estabelecido (Hassan e Ayoub, 1978; Brice *et al.*, 1997; Dantata *et al.*, 2008b). Wayse (1967) e Thompson *et al.* (1972) referiram anteriormente que o P não tinha qualquer efeito na conservação da qualidade das cebolas. No entanto, Singh e Kumar (1969b) relataram que os fertilizantes fosfatados reduziram a podridão pós-colheita e o brotamento em cebolas. Da mesma forma, Muoneke *et al.* (2003) mostraram que a aplicação de 60kgPha^{-1} , aumentou a capacidade de armazenamento dos bolbos de cebola. Atingir um grau adequado de maturação antes da colheita é um fator chave na produção de cebolas de alta qualidade para armazenamento (Sullivan *et al.*, 2001). A colheita óptima, do ponto de vista do tempo máximo de armazenamento (antes da germinação dos bolbos), ocorre enquanto a folhagem da cebola (topos) ainda está parcialmente 30 - 40% erecta e muito antes de se atingir o rendimento máximo (quando os topos estão completamente caídos e secos). O rendimento das cebolas pode aumentar 30 a 40% entre a fase em que os topos começam a descer e a fase em que as folhas estão completamente descidas e secas (Vince *et al.*, 2002). As cebolas devem ser adequadamente curadas no campo, em galpões abertos ou por meios artificiais antes de serem armazenadas. No entanto, uma cura adequada pode exigir 2 a 4 semanas, consoante as condições meteorológicas. Considera-se que os bolbos estão curados quando o colo está apertado e as escamas exteriores estão secas e fazem um ruído quando são manuseadas. Esta condição é atingida quando as cebolas perderam 3 a 5% do seu peso (Vince *et al.*, 2002). Também referiram que a qualidade de armazenamento dos bolbos de cebola também é influenciada pelas condições em que são armazenados e que o armazenamento pode ser feito em sacos, cestos, paletes de ripas ou caixotes, e que os sacos de cebola devem ser empilhados em paletes para permitir uma circulação de ar adequada.

As perdas durante o armazenamento foram principalmente atribuídas à incidência de brotamento de bolbos, apodrecimento e perda de peso (Currah e Proctor, 1990; Dantata *et al.*, 2008b). Vince *et al.* (2002) salientaram que a germinação nas cebolas indica uma temperatura de armazenamento demasiado elevada, bolbos mal curados ou bolbos imaturos, enquanto o crescimento das raízes indica uma humidade relativa demasiado elevada. Assim, recomenda-se uma humidade relativa comparativamente baixa (60 - 70%) para um armazenamento bem sucedido das cebolas. Foi também referido que uma humidade mais elevada, à qual a maioria dos outros produtos hortícolas se conserva melhor durante o armazenamento, pode fazer com que as cebolas desenvolvam raízes, apodreçam e desenvolvam bolores superficiais, enquanto uma secagem excessiva pode resultar em fissuras ou perda (cebolas carecas) das escamas exteriores dos bolbos. A química dos hidratos de carbono da cebola e a sua relação com a dormência ainda não são totalmente conhecidas, mas existem algumas provas que sugerem que a germinação está associada a um aumento da frutose nas escamas interiores e no ponto de crescimento, podendo também estar associada a um aumento das quantidades de compostos aromáticos nos rebentos externos e internos (Bandyopadhyay e Tewari, 1976). A cura dos bolbos de cebola resultou numa diminuição dos níveis de açúcares redutores e melhorou o tempo de armazenamento dos bolbos, embora não possa influenciar a matéria seca e os sólidos solúveis totais (Anon., 1990). Os bolbos totalmente curados com pescoço de 4 cm registaram as menores perdas de armazenamento. As perdas totais de armazenamento foram mais elevadas nos bolbos de maior tamanho, enquanto que as perdas mais baixas ocorreram nos bolbos de tamanho médio.

As técnicas e condições de armazenamento têm um grande impacto no tempo de armazenamento da cebola (Rahim *et al.*, 1983). As cebolas são geralmente armazenadas a granel em plataformas feitas de bambu rachado, levantadas em postes de madeira ou de bambu para evitar o efeito da humidade (Rahim *et al.*, 1992). Babatola *et al.* (2000) observaram diferenças significativas na perda de peso da cebola em relação às estruturas de armazenamento utilizadas, sendo a perda de peso média menor no tabuleiro de ripas do que noutras estruturas de armazenamento. Muoneke *et al.* (2003) armazenaram bolbos de cebola em prateleiras de madeira numa sala de armazenamento bem arejada em condições climáticas ambientes e registaram perdas de armazenamento na ordem dos 17 - 36%. Hussaini *et al.* (2000) ensacaram os bolbos de cebola em sacos de rede de poliestereno e armazenaram-nos em prateleiras de rede de arame numa sala de armazenamento bem ventilada, em condições climáticas ambientes, e registaram perdas mínimas durante o armazenamento. Denton e Ojeifo (1990) referiram que os agricultores da Nigéria utilizam vários métodos de armazenagem e que as perdas resultantes desses métodos são da ordem dos 50-57%. No entanto, referiram alguns dispositivos melhorados recentemente para reduzir as perdas, como o armazenamento numa plataforma elevada com erva seca, que substitui o método antigo de amontoar os bolbos num chão nu. Diferentes cultivares reagem de forma diferente durante o armazenamento (Anon *et al.*, 1996). Jones e Mann (1963) indicaram que o sucesso do armazenamento da cebola depende da escolha da cultivar, dos métodos de armazenamento, do método de cultura, da colheita e da cura, e da humidade no armazém. Brice *et al.* (1997) referiram que uma humidade relativa elevada (75 - 80%) é o principal inimigo de um bom armazenamento da cebola e promove o crescimento das raízes e o desenvolvimento de agentes patogénicos de armazenamento a qualquer temperatura, enquanto uma humidade relativa baixa (<65%), pelo contrário, leva a uma perda excessiva de humidade dos bolbos, resultando em murchidão e perda de peso. Mohammodali (1989) referiu que a cebola vermelha e castanha avermelhada do Sudão se mantinha bem em condições de armazenamento primitivas. Kale *et al.* (1991) observaram que as principais causas de perdas de armazenamento de bolbos de cebola em condições ambientais de armazenamento eram a perda fisiológica de peso, perdas por apodrecimento e perdas por germinação. As maiores perdas de armazenamento foram devidas à perda fisiológica de peso e ao apodrecimento, quando a temperatura máxima média foi elevada (32 - 34°C), enquanto as perdas máximas de germinação foram observadas a temperaturas mais baixas (29 - 31°C) e a uma humidade relativa elevada (79,4 - 83,2%). Após 5 meses de período de armazenamento, Muoneke *et al.* (2003) relataram que a percentagem de bolbos sãos (comercializáveis) se situava entre 72 - 75% e que isto não era afetado pelo azoto e pelo fósforo. Observaram que a elevada percentagem de bolbos sãos até ao período de armazenamento de cinco meses, apesar da temperatura e humidade relativa elevadas, pode dever-se às caraterísticas varietais da landrace - que é uma espécie tropical com elevada capacidade de armazenamento.

2.4 Interações entre o azoto, o fósforo e os métodos de armazenamento no desenvolvimento e na capacidade de armazenamento da cebola

O azoto e o fósforo são elementos importantes para o crescimento e o desenvolvimento das culturas, desempenham papéis importantes na função do protoplasma e aumentam a formação de tecidos (Muoneke *et al.*, 2003). O azoto aumenta a absorção e a utilização do fósforo, favorecendo um crescimento vegetativo rápido, e aumenta a absorção e a utilização do fósforo (Grunes, 1959). O azoto está diretamente envolvido no metabolismo do fósforo e, como tal, a quantidade de azoto necessária para a planta depende, em certa medida, do nível de fósforo disponível. Os resultados de estudos realizados por Amans (1982), Anon (1970a) e Muoneke *et al.* (2003) revelaram que a aplicação conjunta de fertilizantes azotados e fosfatados resultou em maiores rendimentos de cebola do que o efeito de qualquer um dos dois fertilizantes aplicados isoladamente. Do mesmo modo, Singh e Kumar (1969a) observaram que a aplicação conjunta de ambos os fertilizantes era mais eficaz na redução da proporção de bolbos do que qualquer um dos tipos de fertilizante aplicado isoladamente. No entanto, as interações entre o azoto e o fósforo podem nem sempre ser observadas, especialmente quando o solo contém uma quantidade adequada de fósforo disponível (Randhawa e Singh, 1974).

Foi registado um aumento do número de folhas e da altura das plantas em resposta a taxas de fertilização com azoto e fósforo (Amans *et al.*, 1990; Koriem e Faraq, 1990). Também foram registadas respostas positivas de rendimento a N e P por vários trabalhadores (Farghali e Abo Zeid, 1995;

Abd-el-Rahim, 2000). A aplicação de N e P a 100kgNha^{-1} e 60kgPha^{-1} respetivamente deu o maior tamanho de bolbo, rendimento máximo e a melhor qualidade de cebola desidratada e a percentagem de matéria seca e conteúdo de sólidos solúveis totais foram melhorados, mas não significativamente (Saimbhi *et al.*, 1987). Observaram que níveis elevados de aplicação de N e P tendiam a baixar a acidez e a aumentar os teores de açúcares totais e de ácido ascórbico das cebolas. Muoneke *et al.* (2003) relataram uma interação não significativa de azoto e fósforo no número de folhas, altura da planta e diâmetro dos bolbos, rendimento dos bolbos, perdas de armazenamento e bolbos comercializáveis (sãos). No entanto, Amans *et al.* (1990) registaram uma interação significativa entre o azoto e o fósforo no que diz respeito à divisão dos bolbos. Lingle e Wight (1961) observaram que a aplicação de taxas elevadas de N sob a forma de nitrato de cálcio, nitrato de amónio ou sulfato de amónio induziu uma rápida absorção de manganês pelas plantas de cebola. O aumento da absorção de manganês atinge frequentemente níveis tóxicos, especialmente em solos ácidos, ou quando a forma mais ácida de sulfato de amónio foi utilizada como fonte de N. Downes e Carolus (1961) relataram uma observação semelhante, quando o manganês e o ferro se acumularam nos tecidos da cebola como resultado da aplicação de nitrato de amónio a taxas elevadas. Ajakaiye (1975) também relatou que, embora altas taxas de P tendessem a deprimir a absorção de zinco, os resultados não eram consistentes e, como tal, a fertilização com fósforo poderia não ser necessariamente prejudicial à nutrição do zinco. Asif *et al.* (1976) referiram que taxas elevadas de fósforo aplicadas às plantas de cebola reduziam a absorção de zinco, causando assim sintomas de deficiência de zinco caracterizados pela torção da folhagem. A resposta observada em termos de crescimento e rendimento da cebola aos fertilizantes azotados e fosfatados variou principalmente em função das diferenças no solo e nos ambientes climáticos. Miko *et al.* (2000) observaram que a combinação de 225kgNha^{-1} e P a 33 ou 66kgha^{-1} no alho produziu o teor máximo de proteínas nos bolbos na Nigéria.

2.5 Correlações entre o azoto, o fósforo e os métodos de armazenamento no desenvolvimento e na capacidade de armazenamento da cebola

Estudos sobre as correlações entre diferentes caraterísticas dos bolbos e as perdas durante o armazenamento revelaram que as perdas totais durante o armazenamento estavam positivamente correlacionadas com a espessura do colo, o diâmetro dos bolbos, tanto equatorial como polar, e com a perda fisiológica de peso, germinação e perdas por apodrecimento (Kale *et al.*, 1985b). Amans *et al.* (1990), num estudo de correlação de 3 anos, referiram que o peso inicial dos bolbos estava negativamente correlacionado com a perda de peso durante o armazenamento, mas positivamente correlacionado com a germinação. Correlações positivas e significativas entre o apodrecimento dos bolbos e a perda de peso, e entre o apodrecimento dos bolbos e a germinação foram observadas apenas no segundo ano. Não se verificou uma correlação significativa entre a matéria seca dos bolbos, os sólidos solúveis totais e as perdas durante o armazenamento. Além disso, num estudo de coeficiente de correlação de 2 anos entre o tamanho dos bolbos e a percentagem de perda de armazenamento da cebola, Hussaini *et al.* (2000) relataram um melhor armazenamento com os bolbos de tamanho mais pequeno. Toul e Pospisilova (1966) consideraram que o rácio de açúcares não redutores tem um valor caraterístico em diferentes variedades de cebola com bom potencial de armazenamento. Kato (1966) também concluiu que o metabolismo dos hidratos de carbono das cebolas estava intimamente ligado ao seu desempenho em termos de armazenamento.

CAPÍTULO 3
MATERIAIS E MÉTODOS
3.1 Sítios experimentais

As experiências de campo foram conduzidas durante a estação seca, entre setembro de 2003 e abril de 2004, com irrigação na quinta de ensino e investigação da Universidade Abubakar Tafawa Balewa (ATBU), em Bauchi, e na aldeia de Kardam, a 30 km de Bauchi, na zona governamental local de Dass do Estado de Bauchi. Os dois locais situavam-se na zona ecológica da savana da Guiné Setentrional da Nigéria (Kowal e Knabe, 1992).

3.2 Operações no terreno
3.2.1 Preparação e gestão de viveiros

Em cada um dos locais foi escolhido um solo bem drenado e um local de fácil trabalho para o viveiro. As camas de sementeira com uma dimensão de ($8m^2$) foram marcadas e trabalhadas até se tornarem finas, partindo os torrões de terra, removendo o lixo e varrendo a superfície até ficar nivelada. Foram feitos furos de cerca de 1 cm de profundidade com 15 cm de distância entre si, as sementes foram misturadas com uma proporção igual de areia fina e semeadas por perfuração fina no buraco e cobertas com terra leve em 16 e 17 de setembro de 2003 na ATBU Bauchi e na aldeia de Kardam, respetivamente. Os canteiros foram cobertos com erva seca para evitar que as sementes fossem arrastadas durante a rega. A cobertura vegetal foi removida 10 dias após a sementeira e as ervas daninhas foram controladas por arrancamento manual. A rega foi efectuada sempre que necessário, utilizando um regador (rosa fina).

3.2.2 Amostragem e análise do solo

As amostras de solo dos locais experimentais antes da lavoura foram recolhidas aleatoriamente a 0-30 cm de profundidade, utilizando um trado tubular. As amostras compostas foram analisadas quanto ao azoto total utilizando o método microjeidahl (Bremmer, 1965), o P disponível foi determinado pelo método Bray 1 (Bray e Kurtz, 1945). O carbono orgânico foi determinado pelo método de oxidação húmida com dicromato (Wackley e Black, 1965). O cálcio permutável, o potássio, o magnésio, o sódio e a capacidade de permuta catiónica foram determinados conforme descrito por Olsen *et al.* (1954) e lidos com o espetrofotómetro de absorção atómica (Head, 1965). A distribuição do tamanho das partículas foi determinada pelo método do hidrómetro após dispersão em solução de calgono (Day, 1965). O pH foi determinado em água e cloreto de cálcio utilizando um medidor Cyber scan 20pH. As propriedades físico-químicas do solo são apresentadas no Quadro 1.

3.2.3 Dados meteorológicos

Os dados sobre a temperatura e a humidade relativa durante a investigação foram obtidos na unidade meteorológica do Programa de Desenvolvimento Agrícola do Estado de Bauchi, Bauchi, e no Centro de Investigação de Emissões Zero da ATBU, Bauchi. Os dados são apresentados no Apêndice 1.

3.2.4 Preparação do terreno e transplantação

Os campos experimentais foram preparados por lavoura manual e gradagem para obtenção de uma camada fina de terra. O local na ATBU, Bauchi, foi vedado para evitar a presença de animais vadios. Foram feitos canteiros enterrados de ($1m^2$) em cada local. Os campos foram divididos em 48 parcelas. As parcelas tinham um espaçamento de 1 m entre si e entre réplicas. As plântulas dos viveiros foram cuidadosamente retiradas às 8 semanas após a sementeira (WAS) e transplantadas a um espaçamento de 15cm dentro da linha e 20cm entre linhas em cada parcela, a 10 e 11 de novembro de 2003, respetivamente, tanto em Bauchi como em Kardam.

3.3 Tratamentos e conceção experimental

3.3.1 Cultura de ensaio

Uma variedade local de cebola "*Kano red*", habitualmente cultivada na savana do norte da Guiné, na Nigéria, foi utilizada como cultura de ensaio nos dois locais. As sementes foram obtidas junto dos produtores locais em Dass. Os bolbos quando amadurecem são grandes (>6cm de diâmetro), têm forma de globo achatado, cor vermelha a púrpura e pescoço de espessura média, com qualidade de armazenamento superior ao tipo exótico (Norman, 1992).

3.3.2 Experiências no terreno

Os tratamentos em ambos os locais consistiram em quatro níveis de azoto (0, 55, 110 e 165 kgha^{-1}) e quatro níveis de fósforo (0, 45, 90 e 135 kgha^{-1}), combinados factorialmente e dispostos num esquema de blocos completos aleatórios com três repetições. A ureia (46%N) e o superfosfato simples (18% P205) foram utilizados como fontes de azoto e fósforo, respetivamente.

3.4 . Práticas culturais

3.4.1 Aplicação de fertilizantes

Os tratamentos com fósforo foram aplicados um dia antes da transplantação nos dois locais. Enquanto que o fertilizante azotado foi aplicado em duas parcelas iguais às 2 e 6 semanas após a transplantação (WAT) de acordo com Amans *et al.* (1997) para uma utilização óptima.

 Irrigação e controlo de ervas daninhas

A água de irrigação foi feita por inundação superficial das bacias afundadas em intervalos de 3 dias após o estabelecimento da cultura e em intervalos de 7 dias perto da maturidade e da colheita. A monda das parcelas foi feita manualmente, puxando à mão e com enxada. Foi utilizada uma "enxada de cebola" especial de lâmina estreita durante a monda com enxada. No total, foram efectuadas quatro capinas com enxada, com um intervalo de duas semanas a partir de 4 WAT.

Quadro 1: Propriedades físico-químicas dos solos nos locais experimentais a 0-30 cm de profundidade

Caraterísticas do solo __	0-30cm de profundidade	
	Bauchi	Kardam
Distribuição do tamanho das partículas (gkg)$^{-1}$		
Areia	120.02	200.12
Silte	230.40	600.13
Argila	640.58	190.75
Textura	Barro argiloso	Argila siltosa
Análise química		
pH água (1:1)	5.82	6.88
pH Cacl2 (1:2)	5.31	6.03
Carbono orgânico (gkg)$^{-1}$	1.80	15.42
Azoto total (gkg)$^{-1}$	0.18	0.28
C:N	6.43	25.27
P disponível (mgkg)$^{-1}$	6.78	12.48

CEC Cmol (+)kg^{-1}	4,52	6.28
Bases permutáveis Cmol (+)kg^{-1}		
Ca	2.18	3.02
Mg	0.85	1.52
K	0.37	0.24
Na	0.03	0.06
BS (%)	75.23	77.23

3.4.3 Pragas e doenças

Não se observou qualquer incidência de pragas ou doenças durante todo o período das experiências.

3.4.4 Maturação e colheita

A maturidade da cultura foi indicada pela queda de mais de cinquenta por cento das folhas (Vince *et al.*, 2002). As culturas nos campos foram colhidas em 17 e 18 de março de 2004, respetivamente, por escavação com enxada e levantamento de uma área de 0,6 m x 0,7 m no meio da parcela, e colocadas de lado de acordo com o tratamento e curadas durante duas semanas.

3.5 Observações e recolha de dados

Uma amostra de 6 plantas por parcela foi selecionada aleatoriamente na parcela de rede e etiquetada, a partir da qual foram avaliados os índices de crescimento, como a altura da planta e o número de folhas, com um intervalo de 2 semanas, entre as 3 e as 13 semanas de idade.

3.5.1 Altura da planta

A altura da planta foi medida do nível do solo até à ponta da folha mais alta, utilizando uma régua métrica, e a média foi registada.

3.5.2 Número de folhas

O número de folhas foi determinado por contagem visual das folhas e o valor médio registado.

3.5.3 Peso fresco dos topos

Os topos foram cortados a 5 cm do bolbo na maturidade das seis plantas marcadas e pesados.

3.5.4 Altura da lâmpada

A altura do bolbo da planta marcada foi medida a partir da placa basal até ao colo, utilizando um compasso de vernier.

3.5.5 Diâmetro da lâmpada

O diâmetro do bolbo foi medido na região equatorial e polar do bolbo com um compasso de vernier e o diâmetro médio do bolbo foi registado.

3.5.6 Rendimento dos bolbos

O total de bolbos colhidos por parcela foi pesado após duas semanas de cura ao sol e o rendimento foi expresso por unidade de área.

3.6 Armazenamento de bolbos de cebola

A experiência de armazenamento foi efectuada no herbário do Bauchi College of Agriculture, Bauchi, durante 12 semanas, entre abril e junho de 2004. Durante este período, a temperatura e a humidade relativa do armazém foram monitorizadas, sendo os dados apresentados no Apêndice 2. Os bolbos foram agrupados com base no seu tratamento e, de cada tratamento, foram selecionados 60 bolbos saudáveis, comercializáveis e não rebentados, tendo sido registados os seus pesos iniciais totais. Foram utilizados dois (2) métodos de armazenamento, a saber No chão, como praticado pela maioria dos agricultores, e fora do chão (-uma plataforma elevada, 10 cm acima do nível do chão), um método recomendado (AERLS, 1985). Os bolbos foram dispostos num esquema de blocos completos aleatórios (RCBD) com três repetições, e havia 10 bolbos por tratamento. Os bolbos foram inspeccionados periodicamente com duas semanas de intervalo e foram feitas observações sobre a perda de peso, bolbos de cebola sãos, germinados e apodrecidos.

3.6.1 Perda de peso

A perda de peso dos bolbos foi obtida subtraindo o peso dos bolbos no intervalo de nova pesagem do total dos pesos iniciais registados.

3.6.2 Número de lâmpadas sonoras e peso das lâmpadas no momento da armazenagem

O número de bolbos sãos (comercializáveis) foi contado e o seu peso registado como peso do bolbo no momento da armazenagem.

3.6.3 Pesos e percentagem de bolbos germinados e podres

Os bolbos de cebola que se encontrem podres ou germinados são separados, pesados e o seu número percentual registado antes de serem eliminados.

3.7 Análise de dados

Os dados recolhidos foram analisados utilizando a análise de variância adequada para o desenho de blocos completos aleatórios, tal como descrito por Snedecor e Cochran (1967), e as médias significativamente diferentes foram comparadas utilizando a diferença menos significativa de Fisher (LSD) a P=0,05.

CAPÍTULO 4
RESULTADOS

4.1 Efeitos do azoto e do fósforo no crescimento da cebola

4.1.2 Altura da planta

A altura das plantas de cebola foi significativamente afetada pelos níveis de N tanto em Bauchi como em Kardam (Quadro 2). A altura das plantas aumentou com o aumento da aplicação de N nas duas experiências. A altura das plantas também aumentou significativamente com as taxas de P em ambos os locais. Em Bauchi, não foram observadas diferenças significativas na altura das plantas entre o controlo e 45kg Pha^{-1} mas com níveis crescentes foram observadas diferenças significativas ao contrário de Kardam. Não houve interação significativa N x P na altura da planta em Bauchi, bem como em Kardam.

4.1.3 Número de folhas

O número de folhas da variedade de cebola *Kano* red aumentou significativamente com o aumento das taxas de aplicação de fertilizantes de azoto e fósforo em todos os locais considerados (Quadro 3). Registaram-se diferenças significativas entre um nível de azoto e o outro em ambos os locais. Obteve-se um número de folhas significativamente mais elevado com a aplicação de 135 kg de Pha^{-1} , que diminuiu com níveis decrescentes tanto em Bauchi como em Kardam. As interações N x P no número final de folhas em Bauchi e Kardam não foram significativas.

4.2 Efeitos do azoto e do fósforo no rendimento da cebola

4.2.2 Peso fresco dos topos

Os resultados mostraram que o peso fresco dos topos da cebola foi significativamente afetado por N e P (Quadro 4). Em Bauchi, o peso fresco dos topos da cebola aumentou significativamente com o aumento dos níveis de N até 165 kg de Nha^{-1} . A mesma tendência foi observada em Kardam. Nas duas experiências de campo, o peso fresco dos topos foi afetado significativamente pelo P. Em ambos os locais, o P a 45kg ha^{-1} não foi significativamente diferente do controlo, mas todas as outras médias foram estatisticamente diferentes. Não houve interação significativa *NxP* no peso fresco dos topos em Bauchi e Kardam.

4.2.3 Altura da lâmpada

O resultado revelou que a altura do bolbo foi significativamente afetada pela aplicação de N e P (Quadro 5). Em Bauchi, a altura dos bolbos da cebola aumentou significativamente com a aplicação adicional de N até 165 kgha^{-1} . A mesma observação foi registada em Kardam. Do mesmo modo, a altura dos bolbos aumentou significativamente com o aumento dos níveis de P até 135 kg em Bauchi, bem como em Kardam. A interação *NxP* na altura dos bolbos não foi, em geral, significativa nos dois locais.

4.2.4 Diâmetro da lâmpada

O resultado mostrou que o diâmetro dos bolbos foi significativamente afetado por N e P (Quadro 6). A aplicação de 0- 165kgNha^{-1} aumentou significativamente o diâmetro dos bolbos em Bauchi, bem como em Kardam. A aplicação de fósforo afectou significativamente o diâmetro dos bolbos de cebola nos locais considerados. Com 0 e 45kgPha^{-1} , não existe diferença significativa em Bauchi e Kardam. No entanto, a aplicação de 45-135kg Pha^{-1} aumentou significativamente o diâmetro dos bolbos em ambos os locais. A interação entre o azoto e o fósforo no diâmetro dos bolbos não foi significativa em ambos os locais.

4.2.5 Peso da lâmpada

O resultado desta investigação revelou que o peso do bolbo da cebola foi significativamente afetado pela aplicação de N (Quadro 7). A aplicação de 0-165kgNha^{-1} afectou significativamente o peso dos bolbos de cebola de um nível para outro em Bauchi. A mesma observação foi feita em Kardam. O nível mais elevado de P foi significativamente diferente de 0 e 45 kg Pha^{-1} mas não foi significativamente diferente de 90 kg Pha^{-1} . Uma tendência semelhante foi observada em Kardam. Não houve interações significativas N x P no peso dos bolbos tanto em Bauchi como em Kardam.

4.2.6 Rendimento dos bolbos

Os dados sobre o rendimento dos bolbos indicam que o rendimento foi significativamente afetado pela aplicação de N e P (Quadro 8). Os rendimentos continuaram a aumentar com o aumento das taxas de N até 165kgN em Bauchi. O mesmo foi registado em Kardam. A interação N x P na produção de bolbos em ambos os locais não foi significativa.

4.3 Efeitos do azoto, do fósforo e dos métodos de armazenamento na cebola 4.3.1Perda de peso

Os dados sobre a perda de peso revelaram que a perda de peso das cebolas durante o armazenamento foi significativamente afetada pelo N, P e pelos métodos de armazenamento. A perda de peso aumentou significativamente com a aplicação de N até 165 kgha^{-1} de 2-12 WOS. A mesma observação também foi registada com a aplicação de P até 135Kg Pha^{-1} . Os métodos de armazenamento também afectaram significativamente a perda de peso dos bolbos de cebola. A maior perda de peso foi registada aos 12 dias de idade quando os bolbos de cebola foram armazenados no chão. A interação *entre* o azoto *e* o fósforo na perda de peso foi significativa aos 8 dias de armazenamento (Quadro 9). A interação azoto *x* fósforo na perda de peso dos bolbos de cebola foi significativa durante o armazenamento, revelando que a 0-55 kg de Nha^{-1} a perda de peso aumentou em todos os níveis de P, ao contrário do que aconteceu a 110 kg de Nha^{-1} com a aplicação de 45 e 135 kg de Pha^{-1} . A aplicação de 165 kg de Nha^{-1} aumentou significativamente a perda de peso em todos os níveis de P, exceto no nível de controlo (Quadro 10).

Quadro 2: Efeitos do azoto (N) e do fósforo (P) na altura final das plantas (cm) de cebola em Bauchi e Kardam durante a estação seca de 2003/04

Tratamentos	Altura da planta (cm)	
	Bauchi	Kardam
Azoto (kgha-1)		
0	20.30	44.34
55	30.78	50.93
110	37.31	55.21
165	44.12	59.34
LSD (0,05)	3.12	1.19
Fósforo (kgha)$^{-1}$		
0	29.92	50.03
45	31.13	51.81
90	34.23	53.18
135	37.23	54.82
LSD (0,05)	3.12	1.19
Interação		
N *x* P	NS	NS

NS. Não significativoTabela 3: Efeitos do azoto e do fósforo no número final de folhas por planta de cebola em Bauchi e

Kardam durante a estação seca de 2003/04

T ratamentosNúmero	de folhas	
	Bauchi	Kardam
Azoto (kgha)$^{-1}$		
0	6.46	10.04
55	8.79	10.88
110	10.56	11.53
165	12.25	12.92
LSD (0,05)	0.95	0.23
Fósforo **(kgha)$^{-1}$**		
0	8.43	10.87
45	9.24	11.15
90	9.74	11.52

	10.23	11.83
LSD (0,05)	0.95	0.23
Interação		
N x P	NS	NS

NS. Quadro 4: Efeitos do azoto e do fósforo no peso fresco dos topos por parcela (kg) de cebola em Bauchi e Kardam durante a estação seca de 2003/04

Tratamentos	Peso fresco dos topos (kg)	
	Bauchi	Kardam
Azoto (kgha)⁻¹		
0	2.92	5.26
55	6.08	6.33
110	8.26	7.43
165	11.63	9.23
LSD (0,05)	0.68	0.28
Fósforo **(kgha)⁻¹**		
0	6.26	6.50
45	8.83	6.76
90	7.52	7.30
135	8.29	7.69
LSD (0,05)	0.68	0.28
Interação		
N x P	NS	NS

NS. Não significativo

Quadro 5: Efeitos do azoto e do fósforo na altura dos bolbos (cm) de cebola em Bauchi e Kardam durante o Estação seca de 2003/04

Tratamentos	Altura do bolbo (cm)	
	Bauchi	Kardam
Azoto (kgha)⁻¹		
0	4.33	6.68
55	5.61	7.27
110	6.28	7.73
165	6.84	8.29
LSD (0,05)	0.16	0.10
Fósforo **(kgha)⁻¹**		
0	5.46	7.26
45	5.63	7.43
90	5.89	7.58

135	6.08	7.71
LSD (0,05)	0.16	0.10
Interação		
N *x* **P**	NS	NS

NS. Quadro 6: Efeitos do azoto e do fósforo no diâmetro do bolbo (cm) da cebola em Bauchi e Kardam durante o

Estação seca de 2003/04

Tratamentos	Diâmetro do bolbo (cm)	
	Bauchi	Kardam
Azoto (kgha)$^{-1}$		
0	3.16	6.60
55	4.79	7.24
110	5.58	7.72
165	6.54	8.42
LSD (0,05)	0.30	0.24
Fósforo **(kgha)$^{-1}$**		
0	4.56	7.21
45	4.88	7.45
90	5.13	7.59
135	5.50	7.73
LSD (0,05)	0.30	0.24
Interação		
N *x* **P**	NS	NS

NS. Quadro 7: Efeitos do azoto e do fósforo no peso dos bolbos (kg) por parcela de cebola em Bauchi e Kardam durante

as estações secas de 2003/04

Tratamentos	Peso do bolbo (kg)	
	Bauchi	Kardam
Azoto (kgha)$^{-1}$		
0	0.52	1.97
55	0.98	2.48
110	1.56	2.74
165	2.32	3.14
LSD (0,05)	0.30	0.14
Fósforo **(kgha)$^{-1}$**		
0	1.05	2.42
45	1.25	2.54
90	1.43	2.64
135	1.65	2.74

LSD (0,05)	0.30	0.14
Interação		
N *x* P	NS	NS

NS. Não significativo

Quadro 8: Efeitos do azoto e do fósforo na produção de bolbos (tha^{-1}) de cebola em Bauchi e Kardam durante o
Estação seca de 2003/04

Tratamentos	Rendimento de bolbos (tha-1)	
	Bauchi	Kardam
Azoto (kgha)$^{-1}$		
0	5.18	19.70
55	9.80	24.40
110	15.62	27.40
165	23.23	31.40
LSD (0,05)	2.98	1.40
Fósforo **(kgha)$^{-1}$**		
0	10.48	24.20
45	12.53	25.40
90	14.28	26.40
135	16.53	27.40
LSD (0,05)	2.98	1.40
Interação		
N *x* P	NS	NS

NS. Não significativo

Quadro 9: Efeitos do azoto (N), do fósforo (P) e dos métodos de armazenagem (SM) na perda de peso (kg) da cebola durante
período de armazenagem ambiente em Yelwa, Bauchi, em 2004

Tratamentos	Perda de peso (kg)					
	Semanas de armazenamento					
	2	4	6	8	10	12
Azoto (kgha^{-1}) 0	0.034	0.088	0.135	0.176	0.219	0.280

55	0.050	0.110	0.164	0.221	0.280	0.358
110	0.082	0.143	0.200	0.261	0.315	0.435
165	0.144	0.208	0.272	0.333	0.406	0.538
LSD(0,05)	0.006	0.006	0.006	0.009	0.010	0.011
Fósforo (kgha)$^{-1}$						
0	0.065	0.215	0.181	0.233	0.286	0.381
45	0.070	0.130	0.186	0.242	0.300	0.392
90	0.082	0.139	0.195	0.253	0.310	0.408
135	0.093	0.154	0.210	0.265	0.324	0.431
LSD (0,05)	0.006	0.006	0.006	0.009	0.010	0.011
Métodos de armazenagem No chão	0.085	0.149	0.206	0.261	0.316	0.413
Fora do chão	0.071	0.125	0.180	0.234	0.294	0.393
LSD (0,05)	0.004	0.004	0.004	0.006	0.007	0.008
Interação						
N x **P**	NS	NS	NS	NS	NS	*

| N *x* SM | NS | NS | NS | NS | NS | NS |
| SM *x* P | NS | NS | NS | NS | NS | NS |

*Significativo

NS. Não significativamente diferente ao nível de 5% de probabilidadeTabela 10: Interação azoto *x* fósforo na perda de peso final (kg) da cebola durante o período de ambiente armazenamento em Yelwa, Bauchi, em 2004

	Fósforo (kgha-1)			
	0	45	90	135
Azoto (kgha)$^{-1}$				
0	0.268	0.270	0.288	0.295
55	0.332	0.430	0.367	0.448
110	0.498	0.348	0.437	0.387
165	0.425	0.518	0.542	0.693

LSD (0,05)0,022 Número de lâmpadas sonoras <u>Semanas de armazenamento</u>

O número de bolbos sonoros foi significativamente afetado pelos níveis de N e P com métodos de armazenamento. A aplicação de 0-55kgNha^{-1} não diminuiu o número de bolbos sãos em todos os WOS. A nutrição N a 110kgha^{-1} levou à diminuição do número de bolbos sãos (comercializáveis) de cebola apenas aos 10 e 12 WOS. Enquanto que a taxa de aplicação de 165kgNha^{-1} levou a decréscimos consistentes no número de bolbos sãos da cebola em todos os períodos de armazenamento. Verificou-se uma interação significativa N *x* P com N *x* métodos de armazenamento no número de bolbos sãos aos 8 e 10 dias de armazenamento, respetivamente (Quadro 11).

As interações significativas entre N *x* P (quadro 12) e azoto *x* métodos de armazenamento (quadro 13) no número de bolbos sonoros sugerem que o número de bolbos sonoros da cebola foi influenciado significativamente pelos níveis de azoto na presença de taxas de fósforo. O aumento das taxas de azoto de 0-110 kg não afectou o número de bolbos sãos, exceto a 135 kg de Pha^{-1} . A 165 kg de Nha^{-1} , o número de bolbos sãos da cebola diminuiu com o aumento dos níveis de P até 135 kg de Pha^{-1} (Quadro 12). Enquanto que a diminuição do número de bolbos sãos devido à interação azoto *x* métodos de armazenamento foi significativamente mais influenciada por taxas mais elevadas de azoto (Quadro 13).

4.3.2 Peso do bolbo no momento da armazenagem

A análise estatística dos dados deste estudo mostrou que o N e os métodos de armazenamento afectaram significativamente o peso dos bolbos, mas a aplicação de P não. O peso dos bolbos de cebola durante o armazenamento continuou a diminuir significativamente com o aumento das taxas de N com o armazenamento no solo. As interações entre os tratamentos neste parâmetro não foram significativas em todos os WOS (Quadro 14).

4.3.3 Peso dos bolbos apodrecidos

O peso dos bolbos apodrecidos foi significativamente afetado por N, P e métodos de armazenamento (Quadro 15). Não se observou apodrecimento da cebola com a aplicação de N até $55 kgha^{-1}$ em todos os períodos de armazenamento. Mas com 110 kg de Nha^{-1} , obtiveram-se bolbos podres apreciáveis com pesos de bolbos podres registados em todos os períodos de armazenamento, com exceção de 2 WOS. A aplicação de 165 kg de Nha^{-1} levou a um aumento significativo do peso dos bolbos podres em todos os períodos de armazenamento. Tendência semelhante também foi observada com a aplicação de P de 0 - 135 $kgha^{-1}$ em todos os WOS. Diferenças significativas nos métodos de armazenamento foram registadas apenas aos 2, 6 e 8 dias de armazenamento. Houve uma interação significativa N x P no peso dos bolbos apodrecidos da cebola aos 6 dias de armazenamento (Quadro 15). Observou-se que a 0-55 $kgNha^{-1}$, a aplicação de P até 135 kg ha^{-1} não afectou significativamente o peso dos bolbos podres, ao contrário do que aconteceu a 110 kg Nha^{-1} com a aplicação de 135 kg Pha^{-1} . O aumento do nível de N até 165 kg ha^{-1} levou a um aumento consistente e significativo do peso dos bolbos podres em todos os níveis de P (Quadro 16).

4.3.4 Peso dos bolbos germinados

Não houve efeito significativo dos tratamentos experimentais no peso dos bolbos germinados da cebola, exceto o fornecimento de fósforo aos 12 DMS, embora as médias dos tratamentos marcados de 0-90 $kgPha^{-1}$ não tenham sido significativas. Também não houve interação significativa entre os tratamentos experimentais em todos os WOS (Quadro 17).

4.3.5 Percentagem de bolbos apodrecidos

A percentagem de bolbos apodrecidos foi significativamente afetada pelo N, P e métodos de armazenamento. A aplicação de 0-55 e $110 kgNha^{-1}$

não influenciou a porcentagem de bulbos apodrecidos em todos os períodos de armazenamento, exceto aos 10 e 12 períodos de armazenamento. Mas N a 165kgha^{-1} afetou consistentemente a porcentagem de podridão em bulbos armazenados em todos os períodos de armazenamento. Tendência semelhante também foi registada com a aplicação de P. No entanto, as diferenças entre as médias não foram significativas, exceto entre 45 e 90 kgPha^{-1} a 2, 0 e 45 kgPha^{-1} a 4, bem como 90 e 135 kgPha^{-1} a 12 WOS. As interações entre tratamentos na percentagem de bolbos apodrecidos foram significativas (Quadro 18).

As interações N x P a 4WOS (Quadro 19), N x métodos de armazenamento a 8WOS (Quadro 20) e P x métodos de armazenamento a 2 WOS (Quadro 21) na percentagem de bolbos apodrecidos foram geralmente significativas. Considerando N a 0, 55 e 110 kg ha^{-1} , não foram registadas diferenças significativas em todos os níveis de P, exceto com a aplicação de 110 kgNha^{-1} . A percentagem de bolbos podres foi significativamente afetada pela aplicação de 165 kg Nha^{-1} quando comparada com os níveis de P, exceto com 135 kg Pha^{-1} . Quando o método de armazenamento no solo foi examinado para diferentes níveis de N fornecidos, o tratamento de controlo foi significativamente diferente de 110 e 165 kgNha^{-1} mas estatisticamente semelhante a 55 kg Nha^{-1} . Relativamente aos níveis de P fornecidos, não se observaram diferenças significativas entre os meios de armazenamento no solo. Por outro lado, o método de armazenamento fora do solo deu origem a médias significativamente diferentes, especialmente com o nível mais elevado de P.

4.3.6 Percentagem de bolbos germinados

A percentagem de bolbos germinados foi significativamente afetada pelo P, mas não pelo N e pelos métodos de armazenamento. O tratamento com fornecimento de fósforo só foi significativo aos 12 WOS. No entanto, as médias não foram significativamente diferentes umas das outras, exceto entre 90 e 135 kgPha^{-1} taxas de fornecimento. As interações entre os tratamentos também não foram significativas (Quadro 22).

Quadro 11: Efeito do azoto, do fósforo e dos métodos de armazenagem no número de bolbos sãos de cebola durante o período de armazenagem à temperatura ambiente em Yelwa, Bauchi, em 2004

Número de lâmpadas sonoras

Tratamentos_

	Semanas de armazenamento					
	2	4	6	8	10	12
Azoto (kgha^{-1}) 0	10.00	10.00	10.00	10.00	10.00	10.00
55	10.00	10.00	10.00	10.00	10.00	10.00
110	10.00	10.00	10.00	10.00	9.88	9.75
165	9.54	9.25	8.46	7.63	7.42	6.88
LSD(0,05)	0.12	0.16	0.17	0.17	0.17	0.15
Fósforo (**kgha^{-1}**) 0	10.00	9.96	9.75	9.54	9.58	9.42
45	9.96	9.83	9.58	9.50	9.42	9.29
90	9.83	9.79	9.63	9.38	9.33	9.13
135	9.75	9.67	9.50	9.21	8.96	8.79
LSD (0,05)	0.12	0.16	0.17	0.17	0.17	0.15
Métodos de armazenamento	9.79	9.71	9.48	9.25	9.21	9.02

No chão

Fora do chão	9.98	9.92	9.75	9.56	9.44	9.29
LSD (0,05)	0.08	0.11	0.12	0.12	0.12	0.11
Interação						
N x P	NS	NS	NS	*	NS	NS
N x SM	NS	NS	NS	NS	*	NS
SM x P	NS	NS	NS	NS	NS	NS

*Significativo
NS. Não significativo ao nível
de 5% de probabilidade

Quadro 12: Interação azoto x fósforo no número de bolbos sãos de cebola às 8 semanas de armazenamento ambiente em Yelwa, Bauchi, em 2004

Fósforo (kgha-1)				
	0	45	90	135
Azoto (kgha^{-1}) 0	10.00	10.00	10.00	10.00
55	10.00	10.00	10.00	10.00
110	10.00	10.00	10.00	9.00
165	7.67	7.17	6.50	6.17

LSD (0,05)   0.30

Quadro 13: Interação azoto x métodos de armazenamento no número final de bolbos sãos de cebola às 10 semanas de armazenamento ambiente em Yelwa, Bauchi, em 2004

	Azoto (kgha-1)			
	0	55	110	165
Métodos de armazenamento				
No chão	10.00	10.00	9.67	6.42
Fora do chão	10.00	10.00	9.83	7.33
LSD (0,05)		0.21		

Quadro 14: Efeito do azoto, do fósforo e dos métodos de armazenagem no peso dos bolbos durante a armazenagem (kg) de cebola durante período de armazenagem à temperatura ambiente em Yelwa, Bauchi, em 2004   Tratamentos   Peso dos bolbos aquando da armazenagem (kg)

	Semanas de armazenamento					
	2	4	6	8	10	12
Azoto (kgha^{-1}) 0	0.90	0.85	0.85	0.81	0.76	0.70
55	1.19	1.12	1.07	1.01	0.95	0.88
110	1.29	1.23	1.17	1.11	1.06	0.93
165	1.43	1.36	1.30	1.24	1.17	1.04

LSD(0,05)	0.13	0.13	0.11	0.12	0.12	0.12
Fósforo (kgha^{-1})						
0	1.14	1.08	1.02	0.97	0.92	0.83
45	1.20	1.14	1.08	1.03	0.96	0.87
90	1.24	1.18	1.12	1.07	1.01	0.92
135	1.23	1.17	1.13	1.10	1.04	0.93
LSD (0,05)	NS	NS	NS	NS	NS	NS
Métodos de armazenagem						
No chão	1.15	1.09	1.03	0.98	0.92	0.83
Fora do chão	1.25	1.20	1.16	1.11	1.04	0.94
LSD (0,05)	0.09	0.09	0.08	0.08	0.08	0.08
Interação						
N x P	NS	NS	NS	NS	NS	NS
N x SM	NS	NS	NS	NS	NS	NS
SM x P	NS	NS	NS	NS	NS	NS

NS. Quadro 15: Efeito do azoto, do fósforo e dos métodos de armazenagem no peso dos bolbos podres (kg) de cebola durante o período de armazenagem à temperatura ambiente em Yelwa, Bauchi, em 2004

Tratamentos	Peso dos bolbos apodrecidos (kg)					
	Semanas de armazenamento					
	2	4	6	8	10	12
Azoto (kgha)$^{-1}$						
0	0.00	0.00	0.00	0.00	0.00	0.00
55	0.00	0.00	0.00	0.00	0.00	0.00
110	0.00	4.13	4.46	7.08	10.89	14.39
165	32.79	55.79	68.21	79.65	97.85	121.64
LSD(0,05)	3.54	8.91	6.99	8.75	8.77	10.1
Fósforo (kgha)$^{-1}$						
0	4.17	7.46	10.21	11.18	14.08	18.54
45	6.21	9.92	12.46	13.96	17.59	19.92
90	9.33	14.54	16.75	18.50	24.89	31.05
135	13.08	28.00	33.25	43.25	52.18	66.52
LSD (0,05)	3.54	8.91	6.99	8.75	8.77	10.1
Métodos de armazenamento						
No chão	9.40	17.31	20.69	24.44	29.34	36.36
Fora do chão	7.00	12.65	15.65	18.92	25.03	31.65
LSD (0,05)	2.50	NS	4.94	6.33	NS	NS

Interação

N x P	NS	NS	*	NS	NS	NS
N x SM	NS	NS	NS	NS	NS	NS
SM x P	NS	NS	NS	NS	NS	NS

*Significativ
o
NS. Não significativo ao nível
de 5% de probabilidade

Quadro 16: Interação azoto x fósforo no peso dos bolbos podres (kg) de cebola às 6 semanas de ambiente armazenamento em Yelwa, Bauchi, em 2004

Azoto (kgha^{-1})	Fósforo (kgha-1)			
	0	45	90	135
0	0.00	0.00	0.00	0.00
55	0.00	0.00	0.00	0.00
110	0.00	0.00	0.00	57.57
165	74.17	79.67	124.21	208.50
LSD (0,05)		20.20		

Quadro 17: Efeito do azoto, do fósforo e dos métodos de armazenagem no peso dos bolbos germinados (kg) de cebola durante o período de armazenagem à temperatura ambiente em Yelwa, Bauchi, em 2004

Tratamentos

Peso dos bolbos germinados (kg)

Semanas de armazenamento

	2	4	6	8	10	12
Azoto (kgha^{-1}) 0	0.00	0.00	0.00	0.00	0.00	5.17
55	0.00	0.00	0.00	0.00	0.00	8.75
110	0.00	0.00	0.00	0.00	0.00	9.67
165	0.00	0.00	0.00	2.17	2.17	16.67
LSD(0,05)	NS	NS	NS	NS	NS	NS
Fósforo (kgha^{-1}) 0	0.00	0.00	0.00	0.00	0.00	0.00
45	0.00	0.00	0.00	0.00	0.00	4.17
90	0.00	0.00	0.00	0.00	0.00	7.92
135	0.00	0.00	0.00	2.17	2.17	28.17
LSD (0,05)	NS	NS	NS	NS	NS	18.51
Métodos de armazenagem No chão	0.00	0.00	0.00	0.00	0.00	0.00
Fora do chão	0.00	0.00	0.00	0.00	0.00	0.00

	NS	NS	NS	NS	NS	NS
LSD (0,05)						
Interação						
N *x* P	NS	NS	NS	NS	NS	NS
N *x* SM	NS	NS	NS	NS	NS	NS
SM *x* P	NS	NS	NS	NS	NS	NS

NS.

Quadro 18: Efeito do azoto, do fósforo e dos métodos de armazenagem na percentagem de bolbos podres de cebola durante o período de armazenagem à temperatura ambiente em Yelwa, Bauchi, em 2004

Tratamentos	Percentagem de bolbos apodrecidos					
	Semanas de armazenamento					
	2	4	6	8	10	12
Azoto (kgha^{-1}) 0	3.13	31.3	31.3	3.13	3.13	3.13
55	3.13	31.3	31.3	3.13	3.13	3.13
110	3.13	31.3	31.3	3.13	2.89	2.67
165	2.23	1.55	0.74	0.74	0.81	0.98

LSD(0,05)	0.24	0.33	0.22	0.05	0.24	0.23
Fósforo (kgha)$^{-1}$						
0	3.13	3.01	2.68	2.49	2.47	2.52
45	3.01	2.66	2.47	2.50	2.53	2.57
90	2.79	2.67	2.46	2.54	2.55	2.62
135	2.68	2.59	2.50	2.59	2.40	2.19
LSD (0,05)	0.24	0.33	0.22	0.05	0.24	0.23
Métodos de armazenamento						
No chão	2.73	2.57	2.57	2.57	2.52	2.51
Fora do chão	3.07	2.90	2.49	2.48	2.45	2.43
LSD (0,05)	0.17	0.23	0.16	0.04	0.17	0.16
Interação						
N x P	NS	NS	NS	NS	NS	NS
N x SM	NS	NS	NS	NS	NS	NS
SM x P	NS	NS	NS	NS	NS	NS

NS. Não significativo ao nível de 5% de probabilidade

Quadro 19: Interação azoto x fósforo na percentagem final de bolbos apodrecidos de cebola durante o período de armazenagem à temperatura ambiente em Yelwa, Bauchi, em 2004

	Fósforo (kgha-1)			
	0	45	90	135
Azoto (kgha)⁻1				
0	3.13	3.13	3.13	3.13
55	3.13	3.13	3.13	3.13
110	3.13	3.13	3.13	1.30
165	0.73	0.89	1.09	1.20
LSD (0,05)		0.46		

Quadro 20: Interação *entre* azoto *e* métodos de armazenagem na percentagem final de bolbos podres de cebola durante o período de armazenagem à temperatura ambiente em Yelwa Bauchi em 2004

	Azoto (kgha-1)			
	0	55	110	165
Métodos de armazenamento				
No chão	3.13	3.13	2.68	1.12
Fora do chão	3.13	3.13	2.66	0.83

LSD (0,05)   0.33

Tabela 21: Interação fósforo x métodos de armazenamento na porcentagem final de bulbos apodrecidos de cebola durante o período de armazenamento ambiente em Yelwa, Bauchi, em 2004

	Fósforo (kgha-1)			
	0	45	90	135
Métodos de armazenamento				
No chão	2.55	2.60	2.66	2.24
Fora do chão	2.50	2.53	2.58	2.14
LSD (0,05)			0.33	

Quadro 22: Efeito do azoto, do fósforo e dos métodos de armazenamento na percentagem de bolbos germinados de cebola durante período de armazenagem ambiente em Yelwa, Bauchi, em 2004

Tratamentos	Percentagem de bolbos germinados					
Semanas de armazenamento	2	4	6	8	10	12
Azoto (kgha^{-1}) 0	3.13	31.3	31.3	3.13	3.13	2.89
55	3.13	31.3	31.3	3.13	3.13	3.01
110	3.13	31.3	31.3	3.13	2.89	2.89
165	3.13	3.13	3.13	3.01	3.01	2.77

LSD(0,05)	NS	NS	NS	NS	NS	NS
Fósforo (kgha)⁻¹						
0	3.13	3.13	3.13	3.13	3.13	3.01
45	3.13	31.3	3.13	3.13	3.13	3.13
90	3.13	3.13	3.13	3.13	3.13	2.89
135	3.13	3.13	3.13	3.01	3.01	2.54
LSD (0,05)	NS	NS	NS	NS	NS	0.44
Métodos de armazenagem No chão	3.13	3.13	3.13	3.07	3.07	2.95
Fora do chão	3.13	3.013	3.13	3.13	3.13	2.83
LSD (0,05) **Interação**	NS	NS	NS	NS	NS	NS
N *x* P	NS	NS	NS	NS	NS	NS
N *x* SM	NS	NS	NS	NS	NS	NS
SM *x* P	NS	NS	NS	NS	NS	NS

NS. Não significativo ao nível de 5% de probabilidade

CAPÍTULO 5
DEBATE

5.1 Efeito do azoto no crescimento e rendimento da cebola

O resultado deste estudo mostrou que o azoto aumentou consistentemente a altura final das plantas e o número de folhas da cebola em ambos os locais. Todas as taxas de N aplicadas produziram plantas significativamente mais altas do que o controlo. Esta resposta consistente pode ser atribuída ao facto de o azoto ser um nutriente essencial necessário para estimular o crescimento vegetativo rápido, devido à sua importância na fotossíntese e na formação de clorofila, ácidos nucleicos e aminoácidos (Samuel, 1980). Hassan e Ayoub (1978) fizeram uma observação semelhante, afirmando que a aplicação de azoto produziu um aumento significativo do crescimento vegetativo através dos seus efeitos nas actividades celulares. Em geral, a resposta destes índices de crescimento da cebola à aplicação de azoto em ambos os casos foi significativa, e continuou a aumentar com o aumento das taxas de azoto de 55 para 110 ou 165 kgN. A planta mais alta e com mais folhas foi obtida com o azoto mais elevado (165 kg). A resposta acentuada da altura da planta e do número de folhas devido ao fornecimento de N levou a um aumento da produtividade fotossintética e, por conseguinte, a um aumento do crescimento, da folhagem e do desenvolvimento dos bolbos. A presente observação está em conformidade com os resultados de Koriem e Faraq (1990), Amans *et al.* (1997), Hussaini *et al.* (2000), Muoneke *et al.* (2003) e Dantata *et al.* (2009), que relataram um padrão semelhante de resposta da cebola à fertilização com N.

O rendimento e os atributos do rendimento aumentaram significativamente com o aumento dos níveis de azoto em todos os locais considerados. O rendimento dos bolbos de cebola respondeu significativamente à fertilização com N em Bauchi, bem como em Kardam. A aplicação de 55kgNha[-1] aumentou significativamente o rendimento em ambas as áreas em comparação com o controlo. Uma aplicação adicional de N a 110kgha[-1] também aumentou significativamente o rendimento. Quando foi aplicado o nível mais elevado de azoto (165kgha[-1]), o rendimento aumentou até 4,5 (Bauchi) e 1,6 (Kardam) vezes mais do que o controlo. Esta tendência de resposta do rendimento às taxas de fertilização com N mostrou o papel importante do N no desempenho da cultura da cebola, tal como referido por Shoemaker (1947) e Hassan e Ayoub (1978), que sublinharam que o fornecimento de N em quantidades adequadas, para além de assegurar um crescimento saudável da planta, demonstrado pelo aumento do vigor, tamanho e coloração verde mais profunda da folhagem, também produz um aumento significativo do crescimento dos bolbos através do seu efeito nas actividades celulares.

O aumento da produção de bolbos, no entanto, com a adição de N nestes ensaios não estava em conformidade com os trabalhos de Wilson (1934), Riekels (1970), Bottcher e Kolbe (1975), Painter (1977), Hassan e Ayoub (1978), Amans (1982), Patel *et al.* (1990) e Mouneke *et al.* (2003) que relataram o efeito de depressão da produção final com taxas mais elevadas de aplicação de N. Mas, no entanto, concordou com os relatórios de Pande *et al.* (1969), Anon (1970a), Riekels (1972), Hassan (1977), Feigin *et al.* (1980), Greenwood *et al.* (1980), Painter (1980), Hedge (1986), Palled *et al.* (1988), Asiegbu (1989), Vishnu *et al.* (1992), Drost *et al.* (1997), Stevens (1997), Sammis (1997), Thornton *et al.* (1997), Brown (2000), Hussaini *et al.* (2000) e Dantata *et al.* (2009), que também referiram a necessidade de taxas elevadas de azoto para otimizar o rendimento. Nicolas *et al.* (2001) A cebola responde ao N e a quantidade total necessária varia com o solo, a cultura e os factores climáticos, incluindo a margem de segurança solo - N. O N a 60-90 kgha^{-1} foi referido como a margem de segurança de azoto exigida pela cebola (Scharpf, 1991), e também para atingir rendimentos máximos de bolbos, devem ser fornecidas taxas altamente consideráveis de fertilizante (Greenwood *et al.*, 1992). Por conseguinte, as diferenças no efeito da aplicação de N neste caso, especialmente em termos de rendimento de bolbos, podem dever-se a diferentes respostas fisiológicas da cultivar (*Kano* red) ao ambiente, em colaboração com outros factores, como o solo e o clima, tal como expresso por Asiegbu (1989), Scarpf (1991), Greenwood *et al.* (1992) e Nicolas *et al.* (2001). A altura e o diâmetro dos bolbos, uma medida do tamanho dos bolbos, aumentaram significativamente com a aplicação de azoto. Estes parâmetros aumentam significativamente com o aumento dos níveis de azoto de 0-165kg na gama de 4,33-6,84 (Bauchi) e 6,68-8,29cm (Kardam). O mesmo se passa com o diâmetro dos bolbos 3,16-6,54 (Bauchi) e 6,60-8,42cm (Kardam). Vale a pena notar que os valores registados para o diâmetro dos bolbos nestes ensaios estão acima do valor (> 4,5 cm) referido por Hussaini *et al.* (2000) como grande, exceto a 0 kgN (3,16 cm) em Bauchi. Em ambos os casos, a taxa mais elevada de N (165kg) deu a altura e o diâmetro máximos dos bolbos em comparação com o controlo e o resto do N aplicado (55 ou 110kg). Isto mostra que a 165kgN houve uma nutrição adequada de N que fez avançar o crescimento e o diâmetro dos bolbos. Os trabalhos de Painter (1980) e Brown (2000) mostraram que uma taxa elevada de N maximiza o número de bolbos de cebola de tamanho grande. Amans (1982) relatou que o aumento do nível de N até 120 kg teve um efeito ligeiramente depressivo sobre o rendimento de bolbos grandes, e Muoneke *et al.* (2003) observaram que a aplicação de N a 90 kg produziu o maior tamanho de bolbo e diminuiu com a aplicação adicional de N até 135 kg. As disparidades na resposta ao nível de N até 165kg aqui com o relatório anterior, no entanto, estavam em conformidade com as descobertas de Pande *et al.* (1969), Anon (1970a), Asiegbu (1989), Hussaini *et al.* (2000) e Nicolas *et al.* (2001). Além disso, relatou que 165kgNha^{-1} deu o melhor valor em número de bolbos grandes.

O peso do bolbo e o peso fresco dos topos aumentaram significativamente com o aumento dos níveis de N nos dois locais. O aumento do peso dos bolbos em função dos níveis de N implica, além disso, que a aplicação de N melhorou não só o desenvolvimento vegetativo e foliar da cebola, mas também a formação dos bolbos, o que resultou num aumento do peso ótimo. Os pesos frescos dos bolbos e dos topos foram consistentemente e significativamente aumentados com níveis crescentes de N, e os pesos frescos mais elevados dos bolbos e dos topos foram obtidos com a aplicação de 165kgN. Shoemaker (1947), El-tabbakh *et al.* (1979), Henriksen (1984), Vishnu *et al.* (1992) e Hussaini *et al.* (2000) também relataram resultados semelhantes.

5.2 Efeito do fósforo no crescimento e rendimento da cebola

Os resultados desta investigação revelaram que a aplicação de fósforo aumenta significativamente a altura das plantas, bem como o número de folhas, com níveis crescentes em Kardam. E possivelmente não em Bauchi. Sabe-se que o fósforo aumenta o estabelecimento das plântulas e o crescimento vigoroso das mesmas (OSU, 2002; Vince *et al.*, 2002). No entanto, a presente observação está de acordo com as de Chowdappau *et al.* (1971), El-Fattah *et al.* (1983), Amans *et al.* (1990), Morales *et al.* (1992) e Muoneke *et al.* (2003) que registaram aumentos consistentes e significativos na altura das plantas, bem como no número de folhas, em resposta ao fertilizante fosfatado.

A aplicação de fósforo aumenta significativamente a altura dos bolbos, o diâmetro dos bolbos e o peso fresco dos bolbos nos dois locais. Apesar do facto de a influência do P no aumento da taxa de desenvolvimento das raízes poder ser à custa do crescimento dos rebentos e de o enxofre contido no superfosfato simples tender a mascarar alguns dos pequenos efeitos benéficos do P, tornando assim as respostas não detectadas, tal como referido por Narang e Dastance (1971), estas importantes caraterísticas de rendimento nos ensaios actuais aumentaram significativamente devido às taxas de P. Outros trabalhadores noutros locais referiram também um aumento significativo da altura e do diâmetro dos bolbos da cebola em resposta à aplicação de P (Downes, 1959; Signh e Kumar, 1969; Hilman e Noordiyat, 1988).

O rendimento de bolbos por hectare aumentou positivamente com os níveis de fósforo em toda a área em estudo. Respostas de rendimento relacionadas à aplicação de fósforo foram relatadas por vários outros trabalhadores, incluindo Paterson *et al.* (1960), Inyang (1966), Singh e Singh (1969) e Pander *et al.* (1971). Além disso, Aliudin (1978), Escaff e Aljaro (1982), Hedge (1986) e Borabash e Kochina (1989) relataram que o P aplicado tem efeitos positivos no rendimento e na qualidade dos bolbos em membros da família *Alliaceae*. No entanto, não está de acordo com o relatório de Strivastava *et al.* (1965) que observou que a resposta do rendimento da cebola foi maior a um nível mais baixo ($25kgPha^{-1}$) do que a um nível mais alto ($50kgPha^{-1}$) de fertilizante fosfatado. Do mesmo modo, Wayse (1967), Anon (1970a) e Painter (1977) cujas observações não revelaram qualquer reação significativa da produção à aplicação de fertilizante fosfatado.

5.3 Efeito do azoto, do fósforo e dos métodos de armazenamento na cebola

O resultado deste estudo indicou que a perda de peso dos bolbos, o número de bolbos sãos, o peso dos bolbos no momento da armazenagem, o peso e a percentagem do número de bolbos podres e o peso e a percentagem do número de bolbos germinados das cebolas são significativamente afectados pelos níveis de aplicação de azoto e fósforo com métodos de armazenagem durante a armazenagem à temperatura ambiente (Dantata *et al.*, 2008b). A perda de peso aumenta, o número de bolbos sãos e o peso dos bolbos de cebola durante o armazenamento diminui significativamente com o aumento dos níveis de azoto e de fósforo e com o modo de armazenamento. Os níveis intermédios de azoto e fósforo controlaram as taxas de aumento da perda de peso, a diminuição do número de bolbos comercializáveis e o peso dos bolbos durante o armazenamento, ao passo que os níveis mais elevados não o fizeram, o que sugere que estes níveis favorecem a perda de peso, a redução do número e do peso dos bolbos sãos da cebola. Uma observação semelhante foi feita por Joubert e Strydom (1968), Singh e Singh (1969), Amans *et al.* (1990) e Dantata *et al.* (2008b), que concluíram que uma taxa elevada de N aumenta as perdas de armazenamento devido à perda de peso. No entanto, no tratamento com fósforo, as suas influências na perda de peso entre 0 e 45kgP às 2, 4 e 6 semanas de armazenamento (WOS) e no peso do bolbo no armazenamento, entre 0 e 45, 90 ou 135kgP não são significativas. Isto pode provavelmente dever-se ao facto de a taxa moderada de aplicação de P, juntamente com uma cura adequada antes do armazenamento (Dantata *et al.*, 2008a), tender a reduzir as perdas de armazenamento, tais como a perda fisiológica de peso (Dantata, 2008). Sabe-se que os fertilizantes fosfatados reduzem a podridão pós-colheita e a germinação (Singh e Kumar, 1969b) e a cura melhora o tempo de armazenamento dos bolbos de cebola (Anon., 1990). Os efeitos dos métodos de armazenagem sobre estes parâmetros aumentam significativamente em função do tipo de estrutura utilizada. Foram registadas perdas significativas no chão. Isto sugere que as perdas ocorridas durante a armazenagem estão associadas ao método de conservação, pelo que a armazenagem da cebola no chão favorece a perda de peso e a redução do peso e do número de bolbos sãos pode dever-se às constantes alterações diurnas da temperatura do chão com que os bolbos estão em contacto, o que precipitou a perda de peso e a decomposição dos bolbos de cebola (Dantata, 2008).

As técnicas de armazenamento têm um grande impacto no tempo de armazenamento da cebola (Dantata, 2008; Rahim *et al.*, 1983; Dantata *et al.,*2008b). Babatola *et al.* (2000) observaram diferenças significativas na perda de peso da cebola em função das estruturas de armazenagem utilizadas, tendo registado uma maior perda de peso dos bolbos no chão. Amans *et al.* (1990) e Hussaini *et al.* (2000) armazenaram bolbos de cebola numa plataforma e registaram um mínimo de perdas de peso. Os pesos e a percentagem de bolbos apodrecidos e germinados foram significativamente influenciados pelos níveis de azoto e fósforo, incluindo os tipos de armazenamento. As taxas de azoto e de fósforo fornecidas aumentam significativa e consistentemente o peso e o número percentual de bolbos apodrecidos. O peso máximo e o número percentual de bolbos podres foram registados ao nível mais elevado de N (165 kg). O aumento das taxas de N levou ao aumento da podridão de armazenamento e à diminuição do rendimento comercial da cebola. No entanto, o efeito positivo de uma taxa elevada de N na capacidade de armazenamento da cebola, reduzindo as perdas devidas à podridão (Bottcher *et al.*, 1975 e 1979), contrariamente ao presente relatório, pode dever-se principalmente ao facto de uma taxa elevada de N poder aumentar a suscetibilidade da cultura a ataques de doenças e pragas que causam a podridão. Outra razão pode ser provavelmente devida ao período de armazenamento, que é quente e mais húmido em comparação com períodos anteriores de crescimento da cultura. Kale *et al.* (1991) registaram perdas de armazenamento devido ao apodrecimento a temperaturas elevadas (32-34C). Singh e Kumar (1969b) e Painter (1977) observaram um aumento da incidência de podridão de bolbos em resposta a níveis crescentes de fertilização com azoto. Shock *et al.* (1995) relataram condições de armazenamento mais quentes e húmidas como um fator complicador na decomposição dos bolbos.

Mais ainda, o desempenho do fósforo neste estudo não está em conformidade com as conclusões de Singh e Kumar (1969b), que referiram que o P reduz o apodrecimento pós-colheita, nem com as conclusões de Wayse (1967), Thompson *et al.* (1972) e Brice *et al.* (1997), que referiram anteriormente que o P não tinha qualquer efeito na conservação da qualidade da cebola. Além disso, Muoneke *et al.* (2003) mostraram que a aplicação de P melhorava a capacidade de armazenamento dos bolbos de cebola. Os métodos de armazenamento tiveram um efeito significativo, tendo-se registado mais podridões no chão. No entanto, os efeitos dos métodos de armazenamento no peso dos bolbos podres não foram significativos aos 4, 10 e 12 dias de armazenamento. Entre outros factores, o sucesso do armazenamento da cebola depende da escolha do método de armazenamento (Dantata, 2008; Jones e Mann, 1963; Dantata *et al.*, 2008a). Denton e Ojeifo (1990) desenvolveram dispositivos melhorados para reduzir as perdas, como o armazenamento de bolbos de cebola numa plataforma elevada com erva seca, que substitui o antigo método de amontoar os bolbos no chão. Além disso, as cebolas são armazenadas a granel em plataformas elevadas para evitar o efeito da humidade (Rahim *et al.*, 1992). Além disso, o efeito dos tratamentos sobre o peso dos bolbos germinados e o número percentual de bolbos germinados não é consistentemente significativo ao longo de todo o período de trabalho, exceto com as taxas de P aos 12 dias de trabalho em ambos os casos. O efeito não significativo do azoto, do fósforo e dos métodos de armazenamento nestes parâmetros neste estudo pode estar relacionado com o facto de os bolbos estarem completamente maduros na colheita e bem curados antes do armazenamento e de a temperatura de armazenamento não ser suficientemente elevada para induzir a germinação. Os bolbos pouco maduros apresentam frequentemente um aumento da taxa de germinação pós-colheita (Painter, 1977). O brotamento indica uma temperatura de armazenamento demasiado elevada e bolbos mal curados (Dantata, 2008; Vince *et al.*, 2002; Dantata *et al.*, 2008a).

5.4 Interações de tratamento
5.4.1 Interação azoto x fósforo

As interações do azoto e do fósforo na altura das plantas, no número de folhas, no peso fresco dos topos, na altura dos bolbos, no diâmetro dos bolbos, no peso dos bolbos e no rendimento não são significativas tanto em Bauchi como em Kardam. A resposta do crescimento e do rendimento da cebola aos fertilizantes azotados e fosfatados variou principalmente com as diferenças no solo e nos ambientes climáticos. Muoneke *et al.* (2003) relataram efeitos não significativos da interação N x P no número de folhas, na altura das plantas, no diâmetro dos bolbos e no rendimento. O aumento da altura das plantas de cebola, o número de folhas e outras respostas positivas de rendimento a N e P também foram registados por vários trabalhadores (Amans *et al.*, 1990; Koriam e Faraq, 1990; Farghali e Abo Zeid, 1995; Abd el-Rahim, 2000). Miko *et al.* (2000) registaram resultados semelhantes no alho, uma cultura irmã *do Allium*. Estes autores referiram que a combinação de N e P proporcionou um teor máximo de proteínas nos bolbos. A interação entre N x P na perda de peso final, bolbos sãos, peso de bolbos apodrecidos e percentagem de bolbos apodrecidos foi significativa. Em todos os casos, os resultados mostraram que as perdas de armazenamento devido à perda de peso, apodrecimento ou perda de bolbos sãos (comercializáveis) são mínimas com a aplicação de azoto ou fósforo ou quando os mesmos níveis são fornecidos em conjunto. No entanto, a aplicação de níveis de fósforo ou azoto de 0 a 110kgN, para além dos quais resultou num aumento das perdas de armazenamento. Os resultados concordam com o relatório de Singh e Singh (1969) que mostraram que taxas mais elevadas de nutrição mineral aumentam as perdas devido ao apodrecimento dos bolbos ou à perda de peso.

5.4.2 Interação azoto x métodos de armazenagem

Este resultado mostrou que o número de bolbos sãos e a percentagem de bolbos apodrecidos são significativos. O aumento da taxa de azoto aumenta o número percentual de bolbos apodrecidos e diminui o número de bolbos sonoros. Observou-se também que, na ausência de taxas de azoto, as perdas devidas ao menor número de bolbos sãos e à percentagem de bolbos podres foram verificadas com o armazenamento em plataforma (fora do solo). Também foram registadas diferenças significativas na perda de peso da cebola em relação às estruturas de armazenamento utilizadas (Babatola *et al.*, 2000). Também outros trabalhos de Anon (1980), Rahim *et al.* (1983), Amans *et al.* (1990), Duste (1996), Warid *et al.* (1996), Hussaini *et al.* (2000), Muoneke *et al.* (2003) e Dantata *et al.* (2008b) relataram uma baixa incidência de perdas de armazenagem devido à armazenagem em plataforma. O sucesso do armazenamento da cebola depende da escolha dos métodos de armazenamento, do método de cultura, da colheita, da cura e da humidade no armazém (Jones e Mann, 1963; Dantata, 2008; Dantata *et al.*, 2008a).

5.4.3 Interação fósforo x métodos de armazenagem

O número percentual de bolbos apodrecidos foi significativamente influenciado pela interação entre P e métodos de armazenamento. O número percentual de bolbos apodrecidos varia com os níveis de fósforo e com o modo de armazenamento. Isto pode dever-se às técnicas de armazenamento. Resultados semelhantes foram registados por Warid *et al.* (1996) e Babatola *et al.* (2000).

RESUMO E CONCLUSÃO
Resumo

Foi realizada uma experiência de campo, sob irrigação, durante a estação seca de 2003/04, na quinta de ensino e investigação da Universidade Abubakar Tafawa Balewa, em Bauchi, e na aldeia de Kardam, na área do governo local de Dass, na zona ecológica da savana do norte da Guiné, na Nigéria, para estudar os efeitos do fornecimento de azoto e fósforo no crescimento, rendimento e armazenamento da cebola (*Allium cepa* [L.]). Os tratamentos consistiram em quatro níveis de azoto (0, 55, 110 e 165kgha^{-1}) e quatro níveis de fósforo (0, 45, 90 e 135kgha^{-1}) combinados de forma fatorial num esquema de blocos completos aleatórios com três repetições. A experiência de armazenamento foi realizada no herbário da Escola Superior de Agricultura do Estado de Bauchi, Bauchi, durante doze semanas, entre abril e junho de 2004, após a colheita dos bolbos de cebola nos dois locais. Os bolbos foram agrupados com base nos respectivos tratamentos e, de cada tratamento agrupado, foram selecionados aleatoriamente 60 bolbos saudáveis (sãos), comercializáveis e sem bolhas, tendo sido registados os respectivos pesos totais iniciais. Foram utilizados dois (2) métodos de armazenamento, a *saber* No chão, como praticado pela maioria dos agricultores, e fora do chão (-uma plataforma elevada, 10 cm acima do nível do solo), um método recomendado. Os bolbos selecionados foram dispostos num esquema de blocos completos aleatórios (RCBD) com três repetições, e havia 10 bolbos por tratamento. Os bolbos foram inspeccionados periodicamente com um intervalo de duas semanas e foram feitas observações sobre a perda de peso, o número de bolbos sãos, o peso dos bolbos no armazenamento, os pesos e a percentagem de bolbos de cebola germinados e apodrecidos.

Os resultados mostraram que a aplicação de azoto e fósforo aumentou significativamente o crescimento, o rendimento e os atributos de rendimento das cebolas tanto em Bauchi como em Kardam. Os caracteres de crescimento representados pela altura da planta e número de folhas, o rendimento e os seus atributos representados pela altura do bolbo, diâmetro do bolbo e peso fresco dos topos aumentaram com níveis crescentes de azoto e fósforo até 165kgN e 135kgP em ambos os locais. O efeito do azoto, do fósforo e dos métodos de armazenamento na cebola foi significativo. Níveis moderados de azoto e fósforo controlaram as perdas de armazenamento devido à perda de peso, apodrecimento e redução do número de bolbos sãos (comercializáveis), ao passo que taxas mais elevadas destes fertilizantes não o fizeram. O que significa que estes fertilizantes favorecem as perdas de armazenamento até um certo ponto. Os resultados deste estudo mostraram ainda que a interação azoto x fósforo em todas as caraterísticas de crescimento e rendimento das cebolas avaliadas não foi significativa tanto em Bauchi como em Kardam. Foi registada uma interação significativa N x P na perda de peso dos bolbos, no número de bolbos sãos, no peso dos bolbos podres e na percentagem de bolbos podres. A interação azoto x métodos de armazenamento no número de bolbos sãos e na percentagem de bolbos podres foi significativa. Enquanto a interação fósforo x métodos de armazenamento só foi significativa na percentagem de bolbos podres.

Conclusão

Com base nos resultados obtidos neste estudo, a aplicação de 165kgNha⁻¹ e 135kgPha⁻¹ produziu as plantas mais altas; o maior número de folhas e o maior rendimento de bolbos e atributos de rendimento. A interação entre o azoto e o fósforo na perda de peso dos bolbos, no número de bolbos sãos, no peso dos bolbos podres e na percentagem de bolbos podres foi significativa. As interações entre o azoto e os métodos de armazenamento e as interações entre o fósforo e os métodos de armazenamento no peso dos bolbos podres e no número percentual de bolbos podres foram significativas. As perdas de armazenamento devido à perda de peso dos bolbos e ao apodrecimento em relação às taxas aplicadas de N (55, 110 e 165kgha⁻¹) e P (45, 90 e 135kgha⁻¹) no presente relatório, foram significativamente reduzidas pelo armazenamento em plataforma. Por conseguinte, conclui-se que a aplicação de 165 kg de Nha⁻¹ e 135 kg de Pha⁻ é sugerida para a produção máxima de bolbos e para a qualidade do armazenamento de cebolas em Bauchi e Kardam, e os bolbos devem ser armazenados numa plataforma elevada (fora do chão) para garantir um longo período de armazenamento.

REFERÊNCIAS

Abd El-Rahim, G. H. (2000). Efeito da fertilização com fósforo no rendimento e na qualidade do bolbo de cebola nas condições do Alto Egito. *Assuit Journal of Agricultural Science,* **31**(3): 115 - 121

Agricultural Extension and Research Liason Services, (1985). A produção de cebolas. **Extension guide** No. 2 AERLS, ABU, Zaria.

Ajakaiye, M. B. (1975). **Influência da nutrição com zinco e fósforo no crescimento e na composição elementar da cebola bulbosa** (*Allium cepa* L.) Dissertação de doutoramento; Departamento de Hort. e Silvicultura da Universidade Estatal do Kansas.

Akashi, K. Y. Hirai e H. Iwabuchi (1977). O efeito do azoto fornecido em diferentes fases de crescimento no crescimento, rendimento e forma das cebolas. *Boletim,* Hakkaido.

Aliudin e Suminto, T. S. (1978). O efeito da taxa e do tempo de aplicação de fertilizantes azotados no crescimento e rendimento do alho (*A. Sativum*). *Bulletin Penelitian Hortikultura,* **8**(8); 15 - 21 (Horticultural Abstract **53**(12): 827 - 828, Resumo 8461).

Amans, E. B. (1982). **Crescimento e rendimento das cebolas (***Allium cepa* L**) a níveis variáveis de fertilizantes de azoto e fósforo**. Tese de mestrado não publicada, Universidade Ahmadu Bello, Zaria, Nigéria.

Amans, E. B., Ahmed, M. K. e Yayock, J. Y. (1990). Perdas de armazenamento em bolbos de cebola afectadas pelo espaçamento entre plantas, fertilização com azoto e data de sementeira. *Nigerian Journal Horticultural Science,* **1**:1-4.

Amans, E. B., Ahmed, M. K. e Yayock, J. Y. (1997). Efeito do espaçamento entre plantas e do azoto na cebola (*Allium cepa* L.) semeada no início e no fim da estação seca na savana da Nigéria 1. Crescimento, maturidade e rendimento de bolbos. 2. Qualidade dos bolbos comercializáveis. *Samaru Journal of Agricultural Research.* **17**:19 - 35.

Anónimo (1968) Soils and Manures of Vegetables. *Ministry of Agric, Fisheries and Food Bulletin* No. 71 London. pp 75.

Anónimo (1970a). **Relatório ao Conselho Consultivo sobre o trabalho**

em curso no Instituto de Investigação Agrícola (1969 - 70). I.A.R. Zaria. pp 91.

Anónimo (1980). **Production year book**. Organização das Nações Unidas para a Alimentação e a Agricultura, Roma, Itália. Vol. 30. pp 334.

Anónimo (1990). Relatórios de Pesquisa realizados no Departamento de Hortaliças, Mpau, Rahuri. *Documentos do Comité de Revisão da Investigação*. 1982 - 1990.

Asiegbu, J. E. (1989). Resposta da cebola à cal e ao fertilizante N num ultisol tropical. *Tropical Agricultural Journal*. **66**(2): 161 - 166.

Asif, M. I., A. A. Khan e M. N. Ajakaiye (1976). Nutrição de zinco na cebola influenciada pelo fósforo. *Journal of Agricultural Science*. **87**: 277 - 79.

Awurum, A. N. (1999). Avaliação de cultivares de cebola (*Allium cepa* L.) em condições de sequeiro e de regadio nas regiões tropicais húmidas. *J. Sustainable Agric. & Environ*. **1**: 55 - 60.

Bandyopadhyay, C. e Tewari, G. M. (1976). Fator lacrimogéneo na cebola germinada (*Allium cepa* L.). *J. Sci. Fd. Agric.*, **27**: 733 - 35.

Babatola, L. A. e Lawal O. L. (2000). **Rendimento comparativo e capacidade de armazenamento de duas cultivares de cebola tropical** (*Allium cepa* L.) **em diferentes estruturas de armazenamento**. Proc. 18th Conferência Hortson, IAR/ABU, Zaria, 28 de maio - 1 de junho.

Bary, A. I., C. G. Cogger, e D. M. Sullivivan (2000). **Fertilização com estrume**. Publicação 533 da Extensão do Noroeste do Pacífico. *Extensão Cooperativa* da Universidade Estadual de Washington. Pullman, W. A.

Bartolo, M. E. C. Schweissing, J. C. Valliant, D. B. Bosley, e R. M. Waskom (1997). **Gestão de nutrientes em cebolas.** Uma perspetiva do Colorado. pp 114 - 118. **Em**: T. A. Tindall e D. Westerman (ed.) Proc. Conferência de Gestão de Nutrientes do Oeste. Conf., Salt Lake City, UT. 6 - 7 Mar. 1997. Univ. de Idaho, Moscovo.

Bhamburkar, A. S., Rajput, J. M. e Kulwal, L. V. (1986). Bolting in onion as influenced cultivars.

Revista de investigação PKV. Índia. **10**(2): 115 - 118.

Boy, A. E. (1971). **Efeito da fertilização com azoto no rendimento e na qualidade das cebolas.** Tese de Mestrado não publicada. Universidade de Washington. EUA.

Bodnar, J. (1998). **Produção de alho**. Crops @ omaf.gov.on.ca. Impressora da Rainha para o Ontário

Bottcher, H. e Kolbe, G. (1975). O efeito dos fertilizantes minerais no rendimento, qualidade e propriedades de armazenamento da cebola. 1. The effect of nitrogen on yield and quality, *Arch Gartenbau*, **23**(3): 143 - 159.

Borabash, O. Y. e Kochina, T. N (1987). O efeito dos fertilizantes minerais na produtividade do alho. *Hort. Abst.* 1990: **60**(5) 380

Bottcher, H., Frohlich, e Hubner, C. (1979). Resultados relativos à influência complexa da irrigação por aspersão, densidade de plantas e aplicação de fertilizantes no rendimento, qualidade e capacidade de armazenamento de cebolas (*Allium cepa* L.) II. Armazenabilidade, *Arch Gautenbau* **27**(8): 327 - 440 [Citado de Hort. Abstr. (1981) **51**(4)]

Bremmer, J. M. (1965). Azoto total. **In**: methods of soil analysis, (ed. Black C. A). *Agron.* **9**(2) 1149 - 1178. *Amer. Soc. Agron*, Madison, Wisconsin, EUA.

Brewster, J. L. (1990). The influence of cultural and environmental factors on the time of maturity of bulb onion crops. *Ata Horticulturae* **267**: 289 - 296.

Brown, B. (1997). **Teste de N do solo para prever as necessidades de N da cebola** - uma perspetiva do Idaho. pp. 43 - 48. 43 - 48. **In**: T. A. Tindall and D. Westerman (ed.) Proc. Western Nutrient Manage. Conf., Salt Lake City, UT. 6 - 7 Mar. 1997. Univ. de Idaho, Moscovo.

Brown, B. (2000). Guia de fertilizantes do sul do Idaho: *Boletim de Cebolas*, C15 1081. Coop. Ext. Syst. and Agric. Exp. Stn., Univ. de Idaho, Moscovo.

Bray, R. H. e Kurtz, L. T (1945). Determinação das formas orgânicas e disponíveis totais de fósforo. **Soil Science, pp. 59**: 37 - 56.

Brewster, J. L. e H. A. Butler (1985). Effects of nitrogen supply on bulb development in onion (*Allium cepa* L.) *J. Exp. Bot* **40**: *1155 - 1162*.

Brice, J., Currah, L., Malins, A. e Bancroft, R. (1997). Onion storage in the Tropics. *A practical Guide to Methods of Storage and their selection.* Instituto de Recursos Naturais. Universidade de Greenwich **3**, 4, p.23.

Chowdappan, S. R. (1972). Efeito da adubação no tamanho do bolbo da cebola de Bellary, (*Allium cepa* L.) *Madras Agric. J.* **59**: 175 - 176.

Chowdappan, S. R. e R. S. Mundra (1971). Nota sobre a resposta da cebola (*Allium cepa* L.) a níveis variáveis de N, P e K *Indian J. Agric. Sci.* **41**: 107 - 108.

Chude, V. O., Olayiwola, S. O., Osho, A. O e Daudu, C. K (2011). Utilização de fertilizantes e práticas de gestão das culturas na Nigéria. Departamento Federal de Fertilizantes, Ministério Federal da Agricultura e do Desenvolvimento Rural, Abuja, Nigéria. 229pp.

Corgan, J. (2000). Cultura e gestão da cebola de bolbo. Circular N563. Faculdade de Agricultura e Economia Doméstica. Universidade Estadual do Novo México.

Currah, L. e Proctor, F. J. (1990). Onions in the Tropical Regions (Cebolas nas regiões tropicais). Natural Resources Institute, Reino Unido, *Boletim* n° 35. 232.

Dantata, I.J (2014a).Humidade do bolbo, cinzas e teor de matéria seca de proveniências de cebola no norte de Bauchi, Nigéria. *Jornal Asiático de Ciências Aplicadas.***2** (3): 368 - 374

Dantata, I.J (2014b). Efeito do azoto, fósforo e métodos de armazenamento na capacidade de armazenamento da cebola em Bauchi, Nigéria. *Asian Journal ofApplied Sciences.***2** (3): 375 - 380

Dantata, I.J (2011). Avaliação de seis variedades indígenas de cebola para caraterísticas selecionadas do bolbo na terra árida. *Jornal de Desenvolvimento Sustentável.* **8** (1/2):24-30.

Dantata, I.J.,Oseni, T.O., Auwalu, B.M e Babatunde, F.E(2009).Efeito de diferentes níveis de azoto e fósforo no rendimento de folhas e bolbos de cebola (*Allium cepa* L.). *Biological and Environmental Sciences Journal for the Tropics.***6** (4):64-68.

Dantata, I. J., Luka, J.S.,Maidala, A., Fada, K. A e Umar, A.M (2008a).Survey on Post-harvest Handling of Onion Bulbs for Storage in an Arid Agro Ecology. *Actas da 22nd Conferência Nacional Anual da Associação de Gestão Agrícola da Nigéria* realizada na Universidade de Agricultura, Makurdi.8- 11th setembro de 2008 pp276-281. Tema: "Editado por J.C. Umeh, C.P. Obinne e W. Lawal

Dantata, I.J.,Fada, K.A., Maidala, A e Luka, J.S (2008b).Effect of Some Inorganic Fertilizers and Two Storage Systems on Some Selected Post Harvest Losses of Onion Bulbs. *Actas da 22ª Conferência Nacional Anual da Associação de Gestão Agrícola da Nigéria* realizada na Universidade de Agricultura, Makurdi.8-11th setembro de 2008.PP 237 - 243. Tema: "Perspectivas e desafios da adição de valor aos produtos agrícolas". Editado por J.C. Umeh, C.P. Obinne e W. Lawal.

Dantata, I. J e Damar, W. K (2008). Onion Production in the Arid Zone of Nigeria (Produção de cebola na zona árida da Nigéria): A Survey of SocioEconomic Status of Smallholder Farmers. *Journal ofLeague ofResearchers in Nigeria.* **9** (1): 25-30.

Dantata, I. J. (2008).Assessment of Onion Technologies in Bauchi-North Senatorial District of Bauchi State. *Actas da 26fh Conferência Anual da Sociedade de Horticultura da Nigéria (HORTSON)* realizada na Universidade Estatal de Adamawa, Mubi, de 26 a 30 de outubro de 2008. pp 175-181.

Day, P. R. (1965). Fracionamento de partículas e análise granulométrica. **In**: (ed. Black C. A.), *Agron.* **9**(1) pp. 545 - 567. *Amer. Soc. Agron.* Madison, Wisconsin, EUA.

Denton, L. e Ojeifo, I. M. (1990). Onion Production Practices and their improvement in Nigeria (Práticas de produção de cebola e sua melhoria na Nigéria). *Onion Newsletter for the Tropics* **2**: 10 - 13.

Downes, J. D. (1959). Crescimento e certos aspectos da composição química da cebola influenciados pela nutrição. *Dissertação Abstr.* **19**: 3077. Referido em *Hort. Abstr.* **28**: 3639.

Downes, J. D. e R. L. Carolus (1961). Acumulação de manganês e ferro na cebola em relação à aplicação de azoto. *Proc. Amer. Soc. Hort. Sci.* **78**: 393 - 399.

Drost, D. P. Gross1, e R. Koenig (1997). **Gestão de nutrientes em cebolas**: Uma perspetiva do Utah. Pp. 54 - 59. **Em**: T. A. Tindall e D. Westerman (ed.) Proc. Conf. de Gestão de Nutrientes do Oeste, Salt Lake City, UT. Conf., Salt Lake City, UT. 6 - 7 Mar. 1997. Univ. de Idaho, Moscovo.

Dutse, D. (1996). **Avaliação da cultivar de cebola de dia curto para rendimento e armazenamento em Bauchi.** Tese de Mestrado não publicada, Universidade Abubakar Tafawa Balewa, Bauchi.

Egharevba, R. K. A., (1982). **Effect of Natural Storage Conditions on Mature onion bulbs** (*Allium cepa* L.) at Samaru, Zaria. A prelim. Observação. Actas da 5th Conferência Anual da Hort. Soc. of Nigeria. p21 - 25.

El-Baradi, T. A. (1971). Onion growing in the tropics. *Trop. Abst.* **26**: 285 - 91.

El-Tabbakh, A. E., Behairy, A. G. e Behairy, T. G. (1979). *Research Bull,* Ain Shams Univ. Egito, n.º 991 - 997.

El-Fattah, M. A. A., El-Mofty, I. A., Badawi, M. A. e Shehata, S. A. (1983). Efeito da fertilização e dos métodos de plantação nos caracteres morfológicos da cebola. *Agricultural Res. Agricultural Res.* (Egito) **V. 61**(8): 187 - 207.

Escaff, G. e Aljaro, U. A. (1982). Dois ensaios sobre o efeito do azoto e do fósforo no alho. *Resumo de Horticultura,* **59**(11): 697.

Farghali, M. A. e Abo Zeid, M. I. (1995). Fertilização com fósforo e efeitos da população de plantas na cebola cultivada em diferentes solos. *Assuit Journal of Agricultural Sciences,* **26**(4): 187 - 202.

Departamento Federal de Agricultura (1989). **Pacotes Técnicos para a Produção Vegetal**, Vol. IV. pp 60.

Feigin, A., Sagive, B. e Mitchnic, Z. (1980). Resposta da cebola (cv.orri) à adubação e fertilização com azoto em solo solto. Hortc. Abstr. 50 (6) 531. **In**: Asiegbu J. E. (1989). Resposta da cebola à cal e ao fertilizante N. num Ultisol tropical. *Agricultura Tropical,* **66** (1-4): 161 - 165.

Organização das Nações Unidas para a Alimentação e a Agricultura (1991). Estatísticas da produção de cebola seca. **F.A.O. Year Book** for 1991.

Organização das Nações Unidas para a Alimentação e a Agricultura (1992). Estatísticas da produção de cebola seca. **F.A.O. Year Book** for 1992.

Grunes, D.L. (1959). Effect of Nitrogen on availability of Soil and Fertilizer Phosphate to plant. *Advances in Agronomy* A.G. Norman (ed) Vol. 2 Academy Press New York. pp 403.

Green, J. H. (1971). O potencial para a cultura da cebola bulbosa nos estados do norte da Nigéria. *Boletim Informativo do Samaru* **13**: 54 - 61.

Greenwood, D. J., Necteson, J. J., Draycott, A., Wijnen, G. e Stone, D. A. (1992). Medição e simulação dos efeitos do fertilizante N no crescimento, na composição das plantas e na distribuição do N mineral do solo em experiências com cebolas a nível nacional. *Investigação sobre Fertilizantes.* **31**.

Greenwood, D. J., Cleaver, T. J., Turner, Mary, K., Hunt, J., Niendorf, K. B. e Laquens, S. M. H (1980a). Comparison of the effects of potassium fertilizer on the yield, potassium content and quality of 22 different vegetable and arable crops. *Journal of Agricultural Science,* Cambridge **95**. 441 - 456.

Greenwood, D. J., Cleaver, T. J., Turner, Mary, K., Hunt, J., Niendorf, K. B. e Loquens, S.M.H. (1980b) Comparison of the effects of potassium fertilizer on the yield, potassium content and quality of 22 different vegetable and arable crops. *Journal of Agricultural Science.* **95**. 457 - 469.

Hassan, M. S. (1977). Efeito da fonte, nível e tempo de aplicação de azoto no rendimento da cebola na Gezira do Sudão, *Ata Hort. Comunicação técnica* n.º **53**: 59 - 63.

Hanelt, P. (1990). Taxonomia, evolução e história. **In**: Rabinowitch, H. D. e Brewster, J. L., (eds), **Onions and Allied Crops** Vol. 1 CRC Press. Boca Raton, Florida. pp1 - 26.

Harmer, P. M. e R. E. Lucas (1955). Gestão do solo para a produção de cebola. *Boletim de Extensão.* Universidade de Michigan. No. 123, p 48.

Hassan, M. S. e A. T. Ayoub (1978). Efeito de N, P e K no rendimento da cebola na Gazira do Sudão. *Experimental Agric.* **14**: 29 - 32.

Haggag, M. E. A., Rizk, M. A., Hagras, A. M, e El-Hamad, A. S. A. A. (1986). *Annals of Agricultural Science*. **31**(2): 989 - 1010.

Head, W. R. (1965). Cálcio e magnésio. **In**: Black, C. A. *Amer. Soc. of Agron*, Wisconsin, USA. 99 - 110.

Henriksen, K. (1984). Fertilização com azoto em cebolas de semente (*Allium cepa* L.) com elevado teor de humidade do solo. Tidsskrift for Planteaul 88(6) 621 - 13pp. (Citado de *Irrig. Drain. Abstr*. (1985) **11**(2)].

Hedge, D. M. (1986). Efeito da irrigação e da fertilização com N na relação hídrica, temperatura da copa, rendimento, absorção de N e uso de água da cebola. *Indian J. of Agric'l Sciences*, **52**(12): 858 - 867.

Hilman, Y. e Noordiyati, I (1988). Ensaio de fertilização de equilíbrio N, P e K. no alho no rendimento do arroz. *Hort. Abstr*. 1990: **60**(7) 591.

Hussaini, M. A., E. B. Amans, e A. A. Ramalan (2000). Rendimento, distribuição do tamanho dos bolbos e capacidade de armazenamento da cebola (*Allium cepa* L.) sob diferentes níveis de fertilização com N e regime de irrigação. *Trop. Agric*. **77** (3): 145 - 149.

Inyang, A. O. (1966). Onion cultivation in northern Nigeria (Cultivo de cebola no norte da Nigéria). *Samaru Agric. Newsletter*. **8**:60 - 66.

Jones, H. A. e L. K. Mann (1963). **Onions and their allies (Cebolas e seus aliados**). Leonard Hill Books, Londres, pp. 286.

Joubert, T. C. e E. Strydom (1968). The production of onions in the Transvaal. *Fmg. S. Africa*. **44**: 19 - 25.

Kato, T. (1966). Estudos fisiológicos sobre o bolbo e a dormência da planta da cebola Viii. Relações entre a dormência e os constituintes orgânicos dos bolbos. *J. of the Japanese Soc. Of Hort. Sci*. **35**:142 - 51.

Kale, P. N. e Patil, R. S. (1985b). Estudos de correlação sobre as caraterísticas dos bolbos e as perdas de armazenagem na cebola. *J. Maharashtra Agric*. Univs., **10**(1): 38 - 39.

Kale, P. N. Warade, S. D. e Jagtap, K. B. (1991). Avaliação do germoplasma de cebola tropical para uma melhor qualidade de armazenamento. *Onions Newsletter for the Tropics* **3**: 27.

Kowal, J. M. e D. T. Knabe (1972). An **Agroclimatological Atlas of the**

Northern States of Nigeria (Atlas Agroclimatológico dos Estados do Norte da Nigéria). Imprensa da Universidade Ahmadu Bello, Zaria.

Koriem, S. O. e Faraq, I. A. (1990). Fertilização com azoto na cebola (*Alium cepa* L.). *Assuit Journal of Agriculture and Environment.* **2**(1): 55 - 62

Lingle, I. C. e J. R. Wight (1961). A cultura teste em solo ácido indica que a toxicidade do manganês pode ser agravada pelo azoto. *California Agric.* **15**: 12 - 13.

Laughlin, J. C. (1989). Efeito nutricional no rendimento e na qualidade da cebola (*Allium cepa* L.). *Ata Horticultura* **247**: 211 - 215.

Miko, S. M. K., Ahmed, E. B., Amans, A. M., Falaki e Mohmud, M. (2001). Efeito dos níveis de azoto no desempenho das cultivares de alho (*Allium sativum* L.). *J. ofAgric. and Environ.* **2**(1): 55 - 62.

Mohammedali, G. H. (1989). Avaliação de dois métodos de melhoramento genético da cebola nos trópicos áridos do Sudão. *A Journal of Tropical Agriculture.* **167: 275.**

Mouneke, C. O., M. Umar e M. D. Magaji (2003). Crescimento, rendimento e manutenção da qualidade da cebola influenciados pela fertilização com N e P numa aroecologia semi-árida *ASSET series A.* **3**(2): 73 - 80.

Morales, M. Maestrey, A., Galvez, V. e Vazquez, E. I. (1992). Influência dos fertilizantes na cultura da cebola em solos afectados por sais. *Agrotecnia decuba.* **24** (2): 73 - 78.

Narang, R. S. e N. G. Dastane (1971). Effect of different plant nutrients on the yield of *Allium cepa* L., (bulb onion). *Indian J. Hort.* **28**: 288 - 292.

Nicolas, T. S. Hans-Christoph, U. Weier, H. Laurence e J. Owen, (2001). **Nitrogen Management in Field Vegetables** - A guide to efficient fertilization. Agriculture and Agri-Food Canada.

Norman, J. C. (1992). **Tropical vegetable crops**, (1st ed.) Aurther H. Stockwell Ltd. Grã-Bretanha. pp. 139 - 148.

Olsen, S. R., Cole, F. S., Watanabe, D. e Dean, I. P (1954). **Estimativa do fósforo disponível no solo por extração com bicarbonato de sódio** U.S.D.A. Cin. 939.

Universidade Estatal de Orengon (2002). Cebolas de bolbo seco. **Commercial Veg. Production Guides.**

Painter, C. G. (1977). Os efeitos do N.P.K. e dos micronutrientes no rendimento, qualidade e armazenamento de bolbos de cebola no sudoeste do Idaho. *Boletim.* 574 Univ. of Idaho Agric. Exp. Stn. Moxois.

Pande, R. C. e R. S. Mundra (1971). Nota sobre a resposta das cebolas (*Allium cepa* L.) a níveis variáveis de N, P e K. *Indian J. Agric. Sci.* **41**: 107 - 108.

Patel, J. J., Patel, A. T. (1990). Efeito dos níveis de N e P no crescimento e rendimento da cebola. *Research Journal.* **15**(12): 1 - 5.

Paterson, D. R., H. T. Blackdurst e S. H. Siddiqui (1960). Alguns efeitos do azoto e do fósforo no desenvolvimento prematuro do pedúnculo, composição do rendimento de três variedades de cebola, *Proc. Amer. Soc. Hort. Sci.* **76**: 460 -46 7.

Palled, Y. B. Kachapur, M. D., Chandrasekharajah, A. M. e Prabhakar, A. S. (1988). Response of onion to irrigation and nitrogen, *Indian J. Agron.* **33**(1): 22 - 25.

Queddeng, A., Rodrigo, P. A. e Lazo, F. D. (1963). Efeito de certos fertiizantes comerciais no rendimento da cebola, *Phillipine J. Agric.* **28**: 35 - 47.

Randle, W. M. (2000). O aumento da concentração de azoto na solução hidropónica afecta o sabor da cebola e a qualidade dos bolbos. *J. Amer. Soc. Hort. Sci.* **125**: 254 - 259.

Randhawa, K. S. e D. Singh (1974). Influência do azoto, fósforo e distâncias de plantação na maturidade e rendimento da cebola *(Allium cepa* L.) *Indian J. Hort. Sci.* **31**: 66 -6 8.

Rahim, M. A. Hussaini, A. e Siddique, M. A. (1983). Produção de bolbos e capacidade de armazenamento de três cultivares de cebola. *Punjab Vegetable Growers* **17**(18): 13 - 20.

Rahim, M. A., Bashar, M. A., Begum, A. e Hakim, M. A. (1992). Onion storage in Bangladesh. *Onion Newsletter for the Tropics.* **4**: 55 - 56.

Riekels, J. W. (1970). As influências do fornecimento de humidade e azoto no crescimento e desenvolvimento de cebolas cultivadas em solos orgânicos. *Programa e Abstr., da 67th Reunião Anual daAmer. Soc. Hort. Sci.* 107.

Riekels, J. W. (1972). A influência do azoto no crescimento e maturidade da cebola cultivada em solos orgânicos. *J. Amer. Soc. Hort. Sci.* **97**: 37 - 41.

Riekels, J. W. (1977). Relação azoto-água da cebola cultivada em solos orgânicos. *J. Amer. Soc. Hort. Sci.,* **102**: 139 -142.

Samuel, R. A. (1980). **Nitrogen**, Illionois Agricultural Experiment Station USA pp. 452

Sammis, T. (1997). Gestão de nutrientes em cebolas. Uma perspetiva do Novo México. pp 49 - 63. **Em**: T. A. Tindall e D. Westerman (ed.) Proc. **Western Nutrient Manage. Conf**. Salt Lake City, UT6-7 Mar. 1997. Univ. de Idaho, Moscovo.

Saimbhi, M. S., Gill, B. S. e Sandhu, K. S. (1987). Necessidade de fertilizantes para o processamento de cebola (*Allium cepa* L.) CV. Punjab - 48. *Journl. OfResearch.* **24**(3): 407 - 410. Universidade Agrícola de Punjab, Índia.

Scharpt, H. C. (1991). Stickstoffdunung in *Gemusebau.* AID-Heft 1223. Bon: Auswertungs-und Informationdienst Fur Ernahrung, Landwirstschaftund Forsten C. V.

Schwartz, H. F., e M. E. Bartolo (1995). Produção de cebola do Colorado e gestão integrada de pragas. *Boletim.* 547A. Colorado State Univ. Coop. Ext. Fort. Collins.

Shoemaker, J. S. (1947). **Vegetable growing**. J. Willey and Sons, Nova Iorque. pp506.

Shock, C. C., Erik, F. e Monty, S. (1995). **Nitrogen Fertilization, for Dry-irrigated onions.** Estação Experimental de Malheur, Universidade do Estado do Oregon, Ontário.

Singh, L. (1986). Soil Fertility and Crop yields in Savanna zones of Nigeria (Fertilidade do solo e rendimentos das culturas nas zonas de savana da Nigéria). **Proc. do "International Drought Symposium"** realizado no Kenyatta Conference Centre, Nairobi, Quénia, 19 a 23 de maio.

Singh, J. R. e N. K. Jain (1959). Resposta da cebola (*Allium cepa* L.) à aplicação diferencial de fertilizantes. *Indian J. Agric. Sci.* **16**:31 - 38.

Singh, K. e S. Kumar (1969a). Efeito da fertilização com azoto e fósforo no crescimento e rendimento da cebola (*Allium cepa* L.) *J. Res.* Ludhiana. **6**: 764 - 768.

Singh, K. e S. Kumar (1969b). Alterações morfológicas e bioquímicas na cebola armazenada influenciadas pela fertilização com azoto e fósforo. *Plant sci.* **1**:181 - 188.

Singh, M. P e R. Singh (1969). Resposta da cebola (*Allium cepa* L.) à aplicação diferencial de fertilizantes. *Indian J. Agric. Sci.* **39**: 1026 - 1028.

Snedecor, G. W. e W. G. Cochran (1967). **Statistical methods**.   6th Edition. Iowa State University Press,
Amer. Iowa, EUA.

Soto, A. J. A. (1988). Níveis críticos de nutrientes e taxa óptima de N para a cebola na região norte de Cartago, *Investigation Agricola.* **2**(1): 35 - 39.

Stevens, R. G. (1997). **Gestão do azoto nas cebolas de inverno** em Washington. pp 104 - 113. **In**: T. A. Tindall e D. Westerman (ed.) Proc. Western Nutrient Manage. Conf. Salt Lake City, UT6-7 Mar. 1997. Univ. de Idaho, Moscovo.

Strivastava, R. P., N. C. Agarwal e K. K. Strivastava (1965). *Fertilizing onion. Fertilizer News*, **10**: 27 - 33.

Sullivan, D. M., B. D. Brown, C. C. Shock, D. A. Horneck, R. G. Stevens, G. Q. Pelter, e E. B. G. Feilbert (2001**). Nutrient management for onions** in the Pacific Northwest Publ. PNW 546. Pacific Northwest Ext., Oregon State Univ., Corvallis.

Thompson, A. K., R. H. Both e F. J. Proctor (1972). Onion storage in the tropics. *Trop. Sci.* **14**: 19 - 34.

Thornton, M. M. Larkin, e K. Mohan (1997). Interações da gestão de nutrientes com o controlo de doenças em cebolas espanholas doces. pp 119 - 126. **In**: T. A. Tindall e D. Westerman (ed.) Proc. **Western**

Nutrient Manage. Conf. Salt Lake City, UT6-7 Mar. 1997. Univ. de Idaho, Moscovo.

Timm, H. e J. W. Riekels (1964). Crescimento, rendimento e composição da cebola, cevada e batata afectados por fertilizantes de fósforo e azoto amoniacal. *Agron. J.*. **56**: 335 - 40.

Toul, V. e Pospisilova, J. (1966). Composição química da cebola (*Allium cepa* L.) *Bulletin* Vyskumny Ustav Zelinarsky Olomouc. **10**: p 55 - 62.

Tzeng, T. C. (1972). Efeito do azoto, do fósforo e do potássio no crescimento, no bulbo, no rendimento e na qualidade da cebola. *Taiwan Agric. Quart.* **8**: 148 - 149.

Tzeng, T. C. (1974). Estudos sobre os factores que influenciam a qualidade e o rendimento das cebolas. *Taiwan Agric. Quart.* **10**: 97 - 118.

Vaughan, E. K. (1960). Influência das práticas de cultivo, cura e armazenamento no desenvolvimento da podridão do colo em cebolas. *Phytopath.* **50**: 87.

Van-Lierop, W., Martel, V. A. e Cescas, M. P (1980). Concentrações óptimas de PH e de suficiência de N, P e K no solo para obter o máximo rendimento de alfafa e cebola em solos orgânicos ácidos. *Canada J. Soil Sci.* **60**: p. 107 - 117.

Vishnu, S., Rao, K.P.G.K., Prabhakar, B. S. (1992). Efeito do N na produção de bolbos e na manutenção da qualidade da cultivar de cebola. *Horticultura Progressiva.* **21**: (3-4) 244 - 245.

Vince, A. F., Carl, J. R., Cindy, B. T. e Jerry, A. W. (2002). Cebolas amarelas de armazenamento (*Allium cepa* L.) **Gestão de culturas hortícolas**.

Wayse, S. B. (1967). Effect of N, P and K on yield and keeping quality of onion bulbs. *Indian J. of Agron.* **12**: 279 - 282.

Wakley, R. e Black, C. A. (1965). Propriedades químicas e microbianas. **In**: Black, C. A. (ed.) Methods of Soil Analysis part 2. *Amer. Soc. of Agron*, Wisconsin, USA. pp. 1575.

Warid, A. W., Jose, C. G. e Juan, M. L. (1996). Qualidade de armazenamento de bolbos de dez cultivares avaliados em Sonora, México. *Onion Newsletter for the tropics* **7**: 17 - 21.

Weaver, J. E. e Bruner, W. E. (1927). **Root Development of Vegetable Crops**. Ist edn. Mgraw Hill, Nova Iorque. pp 59 - 69.

Wilson, A. L. (1934). **Relação entre o azoto nitrato e o teor de hidratos de carbono e azoto das cebolas**.
Cornell Univ. Agric. Expt. Stn., Memo. pp156.

Wilson, G. J. (1978). Fertilizantes para a cebola: Nitrogen timing. *New Zealand Commercial Grower*. **33**: 21.

APÊNDICES

<u>Apêndice 1: Dados meteorológicos relativos ao período experimental durante a estação seca de 2003/2004</u>

Período	T mínimo° (OC)	Máximo até (OC)	Média até (OC)	Min RH (%)	HR máxima (%)	RH média (%)
Nov. 2003 1 - 10	26.0	40.9	33.5	20	53	26.5
11 - 20	23.2	38.4	30.8	20	38	29.0
21 - 30	24.0	39.5	31.8	20	25	22.5
Dez. 2003 1-10	21.3	38.3	29.8	20	31	25.5
11-20	21.6	42.8	32.2	20	27	23.5
21-31	21.6	37.4	29.5	20	26	23.0
janeiro de 2004 1-10	16.8	41.3	29.1	20	95	57.5
11-20	10.8	34.5	22.7	20	95	57.5
21-31	12.8	38.6	25.7	20	95	57.5
Fev 2004 1-10	11.5	30.8	21.2	20	95	57.5

Período						
11-20	15.9	38.9	27.4	20	95	57.5
21-29	15.4	43.7	29.6	20	95	57.5
Mar. 2004 1-10	16.3	45.7	31.0	20	95	57.5
11-20	19.1	40.0	29.6	20	95	57.5
21-31	18.1	41.1	29.6	20	95	57.5

Fonte: Centro de Investigação sobre Emissões Zero, ATBU, Bauchi
RH. Humidade relativa
T° . Temperatura
Mínimo. Mínimo
Máximo. Máximo
°C. Graus centígrados
%. PercentagemApêndice 2: Temperatura e humidade relativa do armazém durante o período de armazenagem ambiente em Yelwa, Bauchi, em 2004

Período	T mínimo° (OC)	Máximo até (OC)	Média até (OC)	Min RH (%)	HR máxima (%)	RH média (%)
abril de 2004 4-10	32.0	37.6	34.8	20	34	27
11 - 20	31.0	37.2	34.1	20	38	29
21 - 30	31.0	37.4	34.2	20	48	34
maio de 2004 1-10	29.0	36.2	32.6	20	49	34.5

11-20	21.9	35.2	28.5	27	54	40.5
21-31	26.8	33.3	30.1	31	59	45.0
junho de 2004						
1-10	25.9	31.2	28.6	36	55	45.5
11-20	27.4	33.0	30.2	35	50	42.5
21-30	27.2	33.2	30.2	32	54	43.0

RH. Humidade relativa
T°. Temperatura
Mínimo. Mínimo
Máximo. Máximo
°C. Graus centígrados %. PercentagemApêndice 3: Análise de variância para a altura final da planta (cm) e número de folhas da cebola em Bauchi e Kardam durante a estação seca de 2003/04 _ Média soma dos quadrados

Altura da planta (cm)			Número de folhas		
Fonte de variação	df	Bauchi	Kardam	Bauchi	Kardam
Replicação	2	11.62	8.406	2.256	14.8315
Nitrogénio	3	1233.28*	492.595*	73.741*	17.6572*
Fósforo	3	129.33*	49.676*	5.467*	2.1389*
N x P	9	12.69	4.766	0.294	0.2669
Erro	30	13.97	2.046	1.303	0.1095

* Significativamente diferente a 5% de probabilidade
Apêndice 4: Análise de variância para o peso fresco dos topos (kg) e o

peso dos bolbos (kg) de cebola em Bauchi e Kardam durante a estação seca de 2003/04

Média soma dos quadrados

Peso fresco dos topos (kg) — Peso do bolbo (kg)

Fonte de variação	df	Bauchi	Kardam	Bauchi	Kardam
Replicação	2	11.943	12.4394	0.5052	0.04023
Nitrogénio	3	161.465*	34.5225*	7.2762*	2.89211*
Fósforo	3	9.269*	3.4447*	0.7932*	0.21749*
N x P	9	0.101	0.3639	0.0796	0.00374
Erro	30	0.668	0.1143	0.0709	0.02782

* Apêndice 5: Análise de variância para altura (cm) e diâmetro (cm) de bolbos de cebola em Bauchi e Kardam durante a estação seca de 2003/04

Soma dos quadrados das médias

Altura do bolbo (cm) — Diâmetro do bolbo (cm)

Fonte de variação	df	Bauchi	Kardam	Bauchi	Kardam
Replicação	2	1.7690	0.0440	0.3015	0.5294
Nitrogénio	3	14.1041*	0.4511*	24.5656*	7.0552*
Fósforo	3	0.8941*	0.4511*	1.8928*	0.5858*
N x P	9	0.0217	0.0080	0.0702	0.0384
Erro	30	0.0374	0.0137	0.1299	0.0847

* Significativamente diferente ao nível de 5% de probabilidadeApêndice 6: Análise de variância para o rendimento de bolbos (tha^{-1}) de cebola em Bauchi e Kardam durante a campanha seca de 2003/04 estação

Soma dos quadrados das médias

Rendimento de bolbos (tha-1)

	df	Bauchi	Kardam
Fonte de variação			
Replicação	2	50.52	4.023
Nitrogénio	3	727.62*	289.211*
Fósforo	3	79.32*	21.749*
N x P	9	7.96	0.374
Erro	30	7.09	2.782

*Significativamente diferente ao nível de 5% de probabilidade

Apêndice 7: Análise de variância para a perda de peso (kg) da cebola durante o período de armazenagem à temperatura ambiente em Yelwa, Bauchi, em 2004

Semanas de armazenamento — Soma média dos quadrados

Variação de origem	Df	2	4	6	8	10	12
Replicação	2	0.0039542	0.0027198	0.0048042	0.0005522	0.009472	0.006070
Nitrogénio	3	0.0561705*	0.0659094*	0.827427*	0.106479*	0.147094*	0.289986*
Fósforo	3	0.0036094*	0.0039872*	0.0037622*	0.004604*	0.006094*	0.011383*
Métodos de armazenamento	1	0.0046760*	0.0142594*	0.0168010*	0.017876*	0.012150*	0.010417*
N x P	9	0.0006325	0.0004649	0.0005288	0.000616	0.000856	0.001242*
N x Métodos de armazenagem	3	0.0000677	0.0003816	0.0000510	0.000084	0.000144	0.000214
P x Métodos de armazenagem	3	0.0000122	0.0000094	0.0000705	0.000037	0.000011	0.000072
Erro	62	0.0000940	0.0000972	0.0001128	0.000235	0.000290	0.000353

* Significativamente diferente ao nível de 5% de probabilidade

Apêndice 8: Análise de variância para o número de bolbos sãos de cebola durante o período de armazenagem ambiente em Yelwa, Bauchi, em 2004

Soma média dos quadrados — Semanas de armazenagem

Variação de origem	df	2	4	6	8	10	12
Replicação	2	0.01042	0.21875	0.1979	0.5937	0.1979	0.21875
Nitrogénio	3	1.26042*	3.37500*	14.2604*	33.8438*	38.8438*	55.8437*
Fósforo	3	0.31597*	0.34722*	0.2604*	0.5382*	1.6771*	1.7604*
Métodos de armazenamento	1	0.84375*	1.04167*	1.7604*	2.3437*	1.2604*	1.7604*
N x P	9	0.31597	0.34722	0.2604	0.5382*	0.9549	0.8160
N x Métodos de armazenagem	3	0.84375	1.04167	1.7604	2.3437	0.9826*	1.1493
P x Métodos de armazenagem	3	0.17708*	0.06944	0.1493	0.0937	0.0937	0.0660
Erro	62	0.04267	0.07897	0.0904	0.0884	0.0904	0.0682

* Significativamente diferente ao nível de 5% de probabilidade

Apêndice 9: Análise de variância para o peso dos bolbos na armazenagem (kg) de cebola durante o período de armazenagem à temperatura ambiente em Yelwa, Bauchi, em 2004

		Soma média dos quadrados					
Semanas de armazenamento							
Variação de origem	df	2	4	6	8	10	12

Variação de origem	df	2	4	6	8	10	12
Replicação	2	0.04055	0.03626	0.04055	0.04382	0.05569	0.03652
Nitrogénio	3	1.19749*	1.12436*	0.87670*	0.79878*	0.70345*	0.47178*
Fósforo	3	0.04708*	0.05002	0.07577	0.07418	0.06926	0.05670
Métodos de armazenamento	1	0.22138*	0.27520*	0.36878*	0.38507*	0.33725*	0.30150*
N x P	9	0.00865	0.00680	0.00191	0.00216	0.00308	0.00379
N x Métodos de armazenagem	3	0.03910	0.04476	0.02518	0.02458	0.02280	0.02643
P x Métodos de armazenagem	3	0.08801	0.09257	0.05658	0.05312	0.05168	0.05062
Erro	62	0.04687	0.04798	0.03945	0.03986	0.04060	0.03982

* Significativamente diferente ao nível de 5% de probabilidade

Apêndice 10: Análise de variância para o peso dos bolbos apodrecidos (g) de cebola durante o período de armazenagem à temperatura ambiente em Yelwa, Bauchi, em 2004

		Soma média dos quadrados					
		Semanas de armazenagem					
Variação de origem	df	2	4	6	8	10	12
Replicação	2	272.04	2853.4	1565.3	2128.7	2128.7	2062.0

Variação de origem	df						
Nitrogénio	3	6451.76*	17857.8*	26817.1*	36110.6*	36110.6*	53892.7*
Fósforo	3	362.93*	2015.4*	2603.5*	5107.7*	5107.7*	7151.9*
Métodos de armazenamento	1	137.76*	522.7	610.0*	731.5*	731.5*	445.3
N x P	9	362.93*	1141.8*	1486.9*	2675.3*	2675.3*	3241.4*
N x Métodos de armazenagem	3	137.76*	338.9	448.8*	513.3	513.3	312.2
P x Métodos de armazenagem	3	13.54	42.9	21.1	39.5	39.5	23.6
Erro	62	37.54	238.1	146.6	240.5	240.5	230.5

* Significativamente diferente ao nível de 5% de probabilidade

<u>Apêndice 11: Análise de variância para o peso dos bolbos germinados (g) de cebola durante o período de armazenagem à temperatura ambiente em Yelwa, Bauchi, em 2004</u>

		Soma média dos quadrados					
		Semanas de armazenagem					
Variação de origem	df	2	4	6	8	10	12
Replicação	2	0.0000	0.0000	0.0000	28.20	28.20	45.8
Nitrogénio	3	0.0000	0.0000	0.0000	28.20	28.20	55.6

	df						
Fósforo	3	0.0000	0.0000	0.0000	28.20	28.20	3747* 17
Métodos de armazenamento	1	0.0000	0.0000	0.0000	28.20	28.20	85 14
N x P	9	0.0000	0.0000	0.0000	28.20	28.20	96 20
N x Métodos de armazenagem	3	0.0000	0.0000	0.0000	28.20	28.20	70 25
P x Métodos de armazenagem	3	0.0000	0.0000	0.0000	28.20	28.20	9 10
Erro	62	0.0000	0.0000	0.0000	28.20	28.20	24

* Diferenças significativas ao nível de 5% de probabilidade

Apêndice 12: Análise de variância para a percentagem de bolbos de cebola apodrecidos durante o período de armazenagem à temperatura ambiente em Yelwa, Bauchi, em 2004

Variação de origem	df	Soma média dos quadrados					
		Semanas de armazenagem					
		2	4	6	8	10	12
							0.21
Replicação	2	0.1129	0.2146	0.2877	0.0580	0.2635	46
Nitrogénio	3	4.8431*	14.8936*	34.0239*	34.0668*	30.3874*	25.0244*

Variação de origem	df	2	4	6	8	10	12
Fósforo	3	0.9803*	0.8447*	0.2553	0.0526*	0.1139	0.9087*
Métodos de armazenamento	1	2.6459*	2.6459*	0.1750	0.2289*	0.1017	0.1465
N x P	9	0.9803	0.8447*	0.2553	0.0526	0.5371	1.4468
N x Métodos de armazenagem	3	2.6459*	2.6459*	0.1750	0.2289*	0.1017	0.1166
P x Métodos de armazenagem	3	0.4920*	0.1258	0.0155	0.0092	0.0041	0.0027
Erro	62	0.1686	0.3291	0.1472	0.0086	0.1690	0.1600

* Significativamente diferente ao nível de 5% de probabilidade

Apêndice 13: Análise de variância para a percentagem de bolbos germinados de cebola durante o período de armazenagem à temperatura ambiente em Yelwa, Bauchi, em 2004

Variação de origem	df	Soma média dos quadrados					
		Semanas de armazenamento					
		2	4	6	8	10	12
Replicação	2	0.000	0.000	0.000	0.0824	0.0824	0.3296
Nitrogénio	3	0.000	0.000	0.000	0.0824	0.0824	0.2197
Fósforo	3	0.000	0.000	0.000	0.0824	0.0824	1.5381*

Métodos de armazenamento	1	0.000	0.000	0.000	0.0824	0.0824	0.3296
N x P	9	0.000	0.000	0.000	0.0824	0.0824	0.2930
N x Métodos de armazenagem	3	0.000	0.000	0.000	0.0824	0.0824	0.5493
P x Métodos de armazenagem	3	0.000	0.000	0.000	0.0824	0.0824	0.5493
Erro	62	0.000	0.000	0.000	0.0824	0.0824	0.5848

* Significativamente diferente ao nível de 5% de probabilidade

yes
I want morebooks!

Buy your books fast and straightforward online - at one of world's fastest growing online book stores! Environmentally sound due to Print-on-Demand technologies.

Buy your books online at
www.morebooks.shop

Compre os seus livros mais rápido e diretamente na internet, em uma das livrarias on-line com o maior crescimento no mundo! Produção que protege o meio ambiente através das tecnologias de impressão sob demanda.

Compre os seus livros on-line em
www.morebooks.shop

Printed by Books on Demand GmbH, Norderstedt / Germany